“十四五”普通高等教育系列教材

建筑装饰材料与构造

（第二版）

丁立伟　陈金瑾　乔继敏　编著

本书为教育部产学合作协同育人项目成果（项目名称：基于“双碳”理念与智慧课堂建设的高校建筑装饰材料课程改革探究，项目编号：230702036241104）。

中国电力出版社
CHINA ELECTRIC POWER PRESS

内容提要

本书为“十四五”普通高等教育系列教材，书中介绍了建筑装饰材料的种类、性能特点、尺度、质量标准和适用范围等，并且将建筑装饰材料与建筑装饰构造结合起来介绍，以期把材料的应用讲深讲透。主要内容包括建筑装饰木材、陶瓷、石材、玻璃、石膏、涂料、板材、织物、木地板、塑料、胶黏剂以及装饰工程施工案例等。书中精选了部分建筑装饰新材料、新工艺、新构造和新设计，强调实践应用。

本次修订，编者力图把最新的材料和构造编录进来，更加突出实践性和时代性。尤其是以“碳中和、碳达峰”为主导的绿色环保建筑装饰材料是本次教材修改的重点。

本书主要作为普通高等院校和职业院校环境设计、景观设计、建筑设计、展示艺术设计、建筑装饰工程技术等专业教材，也可作为建筑装饰施工管理、技术、造价人员的参考用书。

图书在版编目（CIP）数据

建筑装饰材料与构造 / 丁立伟，陈金瑾，乔继敏编著 .—2 版 .—北京：中国电力出版社，2024.2
ISBN 978-7-5198-8396-6

Ⅰ . ①建… Ⅱ . ①丁… ②陈… ③乔… Ⅲ . ①建筑材料 – 装饰材料 – 高等学校 – 教材②建筑装饰 – 建筑构造 – 高等学校 – 教材 Ⅳ . ① TU56 ② TU767

中国国家版本馆 CIP 数据核字（2023）第 237931 号

出版发行：中国电力出版社
地　　址：北京市东城区北京站西街 19 号（邮政编码 100005）
网　　址：http：//www.cepp.sgcc.com.cn
责任编辑：熊荣华
责任校对：黄　蓓　于　维
装帧设计：赵丽媛
责任印制：吴　迪

印　　刷：北京九天鸿程印刷有限责任公司
版　　次：2011 年 6 月第一版　2024 年 2 月第二版
印　　次：2024 年 2 月北京第一次印刷
开　　本：787 毫米 ×1092 毫米　16 开本
印　　张：7.5
字　　数：229 千字
定　　价：50.00 元

前　言

编者在多年的环境艺术设计教学工作中发现，无论是手绘还是电脑绘图，学生都会投入大量的精力，也能取得理想的成绩。然而在实践中，许多学生却弄不清楚设计作品中的材料及其内部构造细节，这势必影响学生对装饰设计的理解，也给工程施工造成麻烦。因此，一件好的环境艺术设计作品，不能只停留在“概念化”的设计阶段，而是要落实到真正的实践项目中去。

环境设计是艺术、科学、工程、技术的综合学科，与视觉传达、动画动漫设计属于同一学科却有着很大的区别。环境设计的生活性、审美性、趣味性特点，决定了其材料与构造的重要性。在装饰领域，不仅设计师、学生需要了解装饰材料和构造，而且施工、监理和业主也需要对材料有客观、准确的把握。装饰材料的品牌、特色以及性能、尺度、质量标准和适用范围，都是需要关注的重点。

市面上有关装饰材料与构造的书中，材料和构造大多是分开论述的，对装饰材料的讲述多停留在表面，没有把材料的应用讲深、讲透，尤其是装饰构造中的材料，大多数的书都没有涉及，而这又恰恰是学生学习的重点、难点，许多学生学完装饰材料课程还是看不懂装饰构造图。在艺术设计教育注重实践与技能的当下，有必要编写一本融装饰材料与构造于一体的书，让学生在短时间内对装饰材料和构造有一个全面的了解，为环境设计的学习奠定良好的基础。

本书自2011年7月出版发行以来，经十余次印刷，为全国高校的环境设计专业提供了教学范本，受到了学生们的欢迎。然而十余年的时间，装饰材料发生了翻天覆地的变化，装饰领域出现了很多新工艺、新技术与新材料，对装饰产品的功能、结构、外观、造型也提出了更高的要求。我们力争把最新的材料和构造编录进来，以适应时代的发展变化和社会需要。

本书为2023年批次教育部产学合作协同育人项目成果（项目名称：基于“双碳”理念与智慧课堂建设的高校建筑装饰材料课程改革探究，项目编号：230702036241104）。

本书在编写过程中得到了许多专家、同行的帮助，在此表示感谢！也参考、借鉴了很多专家的文献资料，在此对相关专家、作者表示感谢！本次修订工作主要由丁立伟完成。

限于编写时间和编者水平，书中难免会有疏漏和不妥之处，敬请广大师生和读者批评指正。

编　者

2023年10月

目 录

绪　论

建筑装饰设计是一个激发创造性思维并将其表现出来的过程，是人们有意识地把材料转变成为具有使用价值或商品价值的设计。当前，随着生活质量不断提高，人们对建筑装饰装修方面的审美及功能提出新的要求。装饰材料的种类选择、自身功能及属性变得尤为重要，在建筑装饰工程和装饰设计中所起到的作用也越来越明显。只有科学地运用装饰材料，才能全面、准确地把握工程设计，为建筑穿上合理的衣服，赋予其生动的外表，从而获得理想的装饰效果（图 0–1）。

图 0–1　室内木质装饰造型

一、材料在建筑装饰设计和施工中的重要地位

装饰的目的就是美化空间环境，营造合理的空间氛围，提升建筑装饰品质。装饰材料是构成环境艺术形式的最基本元素，它是装饰设计的起点。当设计师在设计某件作品时，必须首先考虑应选用何种材料，材料选择得合理与否。这对设计作品内在和外观质量影响极大，并体现出设计师的品位修养及文化追求（图 0–2）。

合理的装饰材料不仅可以起到美化室内环境的作用，同时也能提高建筑物的实用性功能。相反，如果材料选择不当或考虑不周，就会歪曲整个设计构想，影响装饰的使用功能，有损装饰形态的美感表现，从而大大降低建筑应有的使用价值和美学品质，甚至影响到整个建筑的施工质量。

图 0–2　室外阳光玻璃房

毋庸置疑，装饰设计的表现形式很大程度上受材料的制约，尤其受材料的物理特性如强度、硬度、耐水性等，以及表面特性如光泽、质地、肌理、图案等诸多因素的影响（图 0–3）。例如，艺术玻璃的色彩绚丽和质感效果、织物的柔软亲切、金属材料的冷艳，促成了建筑装饰丰富的视觉联想效果（图 0–4）。因而，建筑装饰材料应用得恰当与否是装饰设计工程成败的关键所在，只有了解、把握材料的特性，才能充分发挥每一种材料的优点，物尽其用，满足装饰设计工程的各项需求。

图 0–3　带有竹节纹饰的壁布墙面装饰

图 0–4　艺术玻璃器皿

一般说来，在建筑装饰设计工程中装饰材料预算所占比例，可达总预算的 50%~70%。选择材料时要注意经济、美观、实用的统一，对降低工程总造价、提高装饰效果的艺术性具有重要意义。

二、材料的分类

建筑装饰材料种类繁多，从气态、液态到固态，从单一材质到合成物表现为各种形态。无论是传统材料还是现代材料，无论是天然材料还是人工材料，无论是单一材料还是复合材料，均是实现设计的物质基础。为了更好地了解材料的全貌，可以从以下几个角度对材料进行分类。

（一）按材料的来源分类

（1）天然材料：不改变在自然界中所保持状态或只施加低度加工的材料，如木材、竹、棉、毛、皮革、石材等（图 0–5）。

图 0–5　天然装饰地毯

（2）加工材料：利用天然材料经不同程度的加工而得到的材料。依据加工程度从低到高有人造板、纸、水泥、金属、陶瓷、玻璃等（图 0–6）。

图 0–6　实木多层夹板

（3）合成材料：利用化学合成方法将石油、天然气和煤等原料加工制造而得的高分子材料，如橡胶、塑料、纤维等。

（4）复合材料：用有机、无机和非金属乃至金属等各种原材料复合而成的材料。

（二）按材料的物质结构分类

按材料的物质结构可以把建筑装饰材料分为四大类（表 0–1）。

（1）金属材料：黑色金属材料、有色金属材料等；

（2）无机材料：石材、陶瓷、玻璃、石膏等；

（3）有机材料：木材、皮革、塑料、橡胶等；

（4）复合材料：玻璃钢、碳纤维复合材料等。

表 0–1　建筑装饰材料按材料的物质结构分类

<table>
<tr><td rowspan="2">金属材料</td><td colspan="2">黑色金属材料</td><td>不锈钢、彩色不锈钢、铁、普通钢等</td></tr>
<tr><td colspan="2">有色金属材料</td><td>铝及铝合金、铜及铜合金、金、银等</td></tr>
<tr><td rowspan="2">无机材料</td><td rowspan="2">无机非金属材料</td><td>天然饰面石材</td><td>天然大理石、天然花岗岩等</td></tr>
<tr><td>烧结与熔融制品</td><td>烧结砖、陶瓷、琉璃及制品、岩棉及制品等</td></tr>
</table>

续表

<table>
<tr><td rowspan="3">无机材料</td><td rowspan="3">无机非金属材料</td><td rowspan="2">胶凝材料</td><td>水硬性胶凝材料：白水泥、彩色水泥等</td></tr>
<tr><td>气硬性胶凝材料：石膏及制品、水玻璃等</td></tr>
<tr><td colspan="2">装饰混凝土及装饰砂浆、白色及彩色硅酸盐制品等</td></tr>
<tr><td rowspan="2">非金属材料</td><td rowspan="2">有机材料</td><td>植物材料</td><td>木材、竹材等</td></tr>
<tr><td>合成高分子材料</td><td>各种建筑塑料及制品、涂料、胶黏剂、密封材料等</td></tr>
<tr><td rowspan="3">复合材料</td><td>无机材料基复合材料</td><td colspan="2">装饰混凝土、装饰砂浆等</td></tr>
<tr><td>有机材料基复合材料</td><td colspan="2">树脂基人造装饰石材、玻璃纤维增强塑料（玻璃钢）、胶合板、竹胶板、纤维板等</td></tr>
<tr><td>其他复合材料</td><td colspan="2">涂塑钢板、钢塑复合门窗、涂塑铝合金板等</td></tr>
</table>

（三）按装饰部位分类（表 0–2）

表 0–2　建筑装饰材料按装饰部位分类

<table>
<tr><td>外墙装饰材料</td><td>包括外墙、阳台、台阶、雨篷等建筑物全部外露部位装饰用材料</td><td>天然花岗岩、陶瓷装饰制品、玻璃制品、地面涂料、金属制品、装饰混凝土等</td></tr>
<tr><td>内墙装饰材料</td><td>包括内墙墙面、墙裙、踢脚线、隔断等内部构造所用的装饰材料</td><td>壁纸、墙布、内墙涂料、装饰织物、塑料饰面板、大理石、人造石材、内墙釉面砖、人造板材、玻璃制品、隔热吸声装饰板等</td></tr>
<tr><td>地面装饰材料</td><td>指地面、楼面、楼梯等结构的装饰材料</td><td>地毯、地面涂料、天然石材、人造石材、陶瓷地砖、木地板、塑料地板等</td></tr>
<tr><td>顶棚装饰材料</td><td>指室内及顶棚装饰材料</td><td>纸面石膏板、石膏装饰吸声板、矿棉装饰吸声板、玻璃棉装饰吸声板、钙塑泡沫装饰吸声板、金属扣板、PVC 扣板、乳胶漆等</td></tr>
</table>

三、建筑装饰材料的发展趋势

装饰材料的运用伴随着人类的产生而产生，并随其发展而不断发展。从最早的石、木、土的基本运用，到由冶炼术而产生的铁、铜、金、银及各种编织物的广泛应用，人类从没间断对新材料的探索，几乎每一次新材料的发现都会有一些新技术、新设计的产品出现，推动建筑及其装饰的发展。

（一）建筑装饰材料发展的总趋势

建筑装饰材料发展的总趋势是新材料日新月异，性能越来越好（图 0–7）。

工艺技术水平的提高使新材料在表现天然和传统材料效果的同时，改变并提升了其材质性能，且能广泛地适应装饰加工工艺的要求，应用于更广泛的装饰环境。例如：人造大理石板，沿袭了天然石材坚硬、纹理优美的优点，去除了石材易碎、老化的缺点，成为一种新型建筑装饰材料；铝塑板，具有可弯、可折、易加工、施工方便、色彩丰富的特点，改变了传统建筑装饰设计和施工的习惯；墙纸，出现了防污染、防菌、防蛀、防火、隔热、调节湿度、防 X 射线、抗静电等不同功能的墙纸。

图 0–7　彩色玻璃

陶瓷面砖正逐步取代塑料、金属等饰面材料。其主要原因是塑料易老化、易燃烧，金属饰面材料易腐蚀、价格高，而陶瓷面砖具有坚固耐用、易清洗、色彩鲜艳以及防火、防水、耐磨和维修费用低等优点。目前国外的陶瓷面砖品种正朝多样化方向发展。

（二）建筑装饰材料的基本发展方向

首先是向复合化、多功能、预制化方向发展，就是利用复合技术和特殊性能材料提高材料的性能。复合装饰玻璃、组合装饰玻璃、高强凹凸装饰玻璃、最新开发的“立体影像玻璃”将成为人们关注的热点。金属或镀金属复合材料成为颇具市场发展潜力的装饰用料（图 0–8）。

图 0–8 复合装饰板材

其次是向高性能材料方向发展，将研制轻质、高强度、高耐腐蚀性、高防火性、高抗震性、高保温性、高吸声性等的装饰材料。阻燃、防火、抗水、耐磨等高性能材料将成为市场新宠，其中浮雕型面砖、艺术抛光仿花岗石无釉地砖等材料，将以其质轻、保温、隔音、艺术性强等优点而被广泛应用。

再次是向着绿色环保化、低碳方向发展。这些新材料的出现，对提高并完善装饰空间的使用功能、经济性、加工施工进度、艺术效果处理有十分重要的意义（图 0–9）。

图 0–9 实木生态装饰板材

四、建筑装饰材料与构造课程的学习目的与学习方法

本课程是建筑装饰、展示设计、工业造型、视觉传达设计等专业的主干课程，是环境艺术设计专业的核心课程，相关知识是从事上述专业必备的专业知识。本书把“建筑装饰材料”和“建筑装饰构造”二者整合是复合教学需要，更是两者互为依存不可缺少的专业工作需要，使学生在获得建筑装饰材料和构造的基本理论和基础知识的同时，为今后建筑装饰设计、展示设计、工业造型设计、施工以及了解装饰内部构造打下良好的基础，为实现合理设计，正确地选用材料，科学地使用材料提供保证。

建筑装饰材料品种繁多，日新月异，初学者会感觉眼花缭乱，无所适从。要做到熟练掌握、得心应手，需从以下角度把握。

一是以建筑装饰材料为主线，兼顾建筑装饰构造，在学习的同时灵活掌握材料的特性，合理运用各种材料，科学运用各种加工应用技术，巧妙利用各种材料间的相互关系。

二是学会利用对比分析法，通过比较个别装饰材料及其内部构造，来把握它们的特性和共性。

三是学会运用理论联系实际的学习方法。材料与构造是一门实践性极强的课程，学习时应注意理论与实际的结合，利用各种机会观察周围已经完成和正在施工的建筑装饰工程，提出自己的问题，在学习过程中不断深入探寻答案，并在实践中充实所学内容。

第一篇

建筑装饰材料

第一章　建筑装饰材料概述

材料是建筑装饰设计的基本元素，建筑装饰设计离不开装饰材料。了解和掌握材料的特性、正确地评价和运用材料、能动地运用物质技术条件，将材料性能发挥到最大限度，是学习建筑装饰材料的主要目的，也是对设计师的基本要求。

第一节　建筑装饰材料的基本性质

在正常使用状态下，材料总要承受一定的外力、自重力、周围各种介质的作用，以及各种物理作用。因此，建筑装饰材料除了必须具备各自装饰效果以外，还应具有抵抗上述各种作用的能力。

一、建筑装饰材料的综述

建筑装饰材料包含了两方面的特性：固有特性和派生特性。固有特性是指材料的物理特性和化学特性，如力学能、热性能、电磁性能、光学性能、防腐性能等；材料的派生特性是由固有特性派生出来的，即材料的加工特点、感觉特征、经济特性等。这些特性的综合效应决定了建筑装饰设计的基本特性（图 1–1）。

图 1–1　餐厅的木质装饰及墙面

材料所表现出的特性是材料内部结构的外在表现，受内部微观结构的制约，其中内部结构只有用特殊的方法才能被观察到，它的变化是通过材料的性能变化被人们感知的，比如材料的“硬”“软”“脆”“韧”，对某种环境是否敏感的感性认识。对材料的认识也由宏观领域逐渐进入微观领域，宏观物体由微观物质组成，材料的宏观性能（物理性能、化学性能）是由微观结构所决定的。

对建筑装饰材料的评价一般分为两个部分：基础评价和综合评价。在基础评价中，我们一般从物质评价和性能评价两个方面进行。物质评价是对材料的组成、结构、密度、形态、组织等因素进行认识；物理性能和化学性能是材料性能的两方面，物理性能包括机械性能（强度、弹性等）、热性能（热膨胀、热传导、耐热性等）、电磁性能（导电性、导磁性等）、光学性能（颜色、反射率、偏光率等），化学性能包含耐酸碱性、耐臭氧性等。对材料的综合评价一般从材料的寿命、耐环境性、可靠性、安全性等方面进行考虑。

二、材料的固有特性

固有特性是指材料在使用条件下表现出来的性能，它受外界条件的限制和制约。固有特性是由材料本身的组织结构决定的。

（一）材料的密度

材料的密度大小取决于材料的组成与材料的微观结构。

（二）材料的力学性能

材料的力学性能包括材料的强度，弹性和塑性，脆性和韧性，硬度，耐磨性等。

（1）材料的强度：指材料在一定外力的作用下抵抗破坏力和塑性变形的能力。强度是评定材料质量的重要力学指标，是设计中选用材料的主要依据。由于外力作用的方式不同，材料的强度可分为抗压强度、抗扭强度、抗弯曲强度和抗剪强度等。

（2）材料的弹性和塑性：弹性是指材料在受外力作用下而发生变形，外力除去后仍能恢复原状的性能。

这种变形称为弹性变形。塑性是指在外力作用下产生变形，当除去外力时仍能保持变形后的形状，而不是恢复原有形状的性能。这种变形为永久性变形。

（3）材料的脆性和韧性：脆性是指材料受一定的外力作用达到一定限度时，产生明显变形而损坏的性能；韧性指的是材料在受到冲击荷载或震动荷载下仍能承受很大的变形而不至于被破坏的性能。脆性材料易受外力的作用而破碎，不能承受较高的局部应力；韧性材料则正好相反。

（4）材料的硬度：指材料表面抗塑性变形和破坏的能力，材料硬度值随试验方式的不同而异。

（5）耐磨性：耐磨性的好坏常以磨损量作为衡量的指标，磨损量越小，说明材料的耐磨性越好。现在市场上的装饰强化木地板，注重地板表面的耐磨度，在选用时耐磨系数越高，产品质量越好（图 1–2）。

图 1–2　注重材料耐磨度的复合木地板

（三）材料的热性能

导热性：指材料将热量从一侧表面传递到另一侧表面的能力，通常用导热系数来表示。导热系数小，是热的绝缘体，如高分子材料；导热系数大，是热的良导体，如金属材料。

耐热性：指材料长期在热环境下抵抗热破坏的能力，通常用耐热度来表示。晶态材料以熔点温度为指标，如金属材料、晶态材料；非晶态材料以转化温度为指标，如玻璃等（图 1–3）。

耐燃性：指材料对火焰和高温的抵抗性能。材料按耐燃能力可分为不燃材料（石头、金属等）、易燃材料（木料、塑料等）。

热胀性：是材料由于温度的变化而产生的热胀冷缩的性能，通常用膨胀系数来表示。热胀性以高分子材料为最大，金属材料次之，陶瓷材料最小（图 1–4）。

图 1–3　装饰玻璃

图 1–4　装饰陶瓷洗手盆

耐火性：指材料长期抵抗高温而不熔化的性能，也称耐熔性。耐火材料在高温下不变形、能承载。材料按照耐火度可分为耐火材料、难熔材料和易熔材料。

（四）材料的电性能

导电性：材料传导电流的能力，通常用电导率来衡量导电性能的好坏，电导率大的材料导电性能好。

电绝缘性：同导电性相反，通常用电阻率、介电常数、击穿强度来表示。电阻率是电导率的倒数，电阻越大，材料的绝缘性越好；击穿强度越大，材料的电绝缘性越好；介电常数越小，材料的电绝缘性越好。

(五)材料的磁性能

磁性能是指金属材料在磁场中被磁化而呈现出的磁性强弱的性能。

铁磁性材料，是指在外加磁场中，能强烈被磁化到很大的程度的材料，如铁、钴、镍等。

顺磁性材料，是指在外加磁场中被微弱磁化的材料，如锰、铬、钼等。

抗磁性材料，是指能够抗拒或减弱外加磁场磁化作用的材料，如铜、金、银、铅、锌等。

(六)材料的光性能

光性能是指材料对光的反射、透射、折射的性质。材料对光的透射率越高，透明度越好。建筑装饰材料中的玻璃透明性最好，磨砂玻璃、雕花玻璃、夹丝玻璃透明性较差,它们适用于不同的装饰环境(图 1–5)。

图 1–5 玻璃砖组成的不透明装饰墙

(七)材料的化学性能

材料的化学性能是指材料在常温或高温时抵抗各种介质或电化学侵蚀的能力，是衡量材料性能优劣的主要质量指标。它主要包括材料的耐腐蚀性、抗氧化性和耐候性。

耐腐蚀性:材料抵抗周围介质的腐蚀和破坏的能力。

抗氧化性:材料在常温或高温时抵抗氧化的能力。

耐候性:材料在各种气候条件下，保持其物理性能和化学性能不变的性质，如玻璃、陶瓷的耐候性好，塑料的耐候性则较差。

第二节 建筑装饰材料的外在特性

一、建筑装饰材料的装饰性质

在建筑装饰设计和施工中，装饰材料决定了空间的造型、色彩、肌理等心理效能，不同的用途需要与之相适应的材料来完成。如用天然大理石、花岗岩铺设的装饰地面，美观耐用;用布料构成的布幔，飘逸轻柔;用玻璃构成的窗户、隔断，透明采光好。材料的装饰效果是由质感、线条和色彩构成的。质感要细腻、逼真，线条、色彩要考虑空间用途、视觉感受。材料的使用重点不在于对物质原有形态的利用，而在于使物体的表面状态让人通过视觉和触觉产生美感。对于装饰材料除了要研究材料本身的特性之外，还要研究材料的加工手段和方法，从而使材料在装饰设计中发挥更好的效果(图 1–6)。

图 1–6 装饰材料质感美

(一)材料的颜色、光泽、透明性

颜色是材料对光谱的选择吸收的结果。不同的颜色给人的感觉不同，如红色、橘红色给人温暖、热烈的感觉，绿色、蓝色给人宁静、清凉、寂静的感觉。

光泽是材料表面方向性反射光线的性质。材料表面越光滑，则光泽度越高。当为定向反射时，材料具有镜面的特征，又称镜面反射。不同的光泽度可以改变材料表面的明暗程度，并可改变视野或造成不同的虚实对比。

透明性是光线透过材料的性质。根据材料的这一特质可以将材料分为透明体、半透明体、不透明体。利用不同透明度，在建筑装饰设计中可以调整光线的明暗，造成特殊的视觉效果，也可以使物象清晰或者朦胧。

（二）材料的花纹图案、形状、尺寸

在建筑装饰设计中，可以利用不同的工艺将材料表面做成各种不同的表面组，如粗糙、平整、光滑、镜面、凹凸、麻点等（图 1-7），或者将材料的表面制作成各种花纹图案或拼镶成各种图案（图 1-8）。改变材料的形状和尺寸，并配合花纹、颜色、光泽等可以拼镶出各种线条和图案，从而获得不同的装饰效果，以满足不同的建筑装饰设计空间形体和形式的需要，最大限度地发挥材料的装饰性。

图 1-7　具有凹凸肌理效果的装饰材料

图 1-8　具有各种花纹图案的装饰材料

质感是材料表面的组织结构、花纹图案、颜色、光泽、透明性等给人的综合感，如钢材、陶瓷、木材、玻璃、呢绒等材料在人的感觉器官中的软硬、轻重、粗犷细腻、冷暖等感觉。组成成分相同的材料可有不同的质感，如普通玻璃和刻花玻璃。相同的表面处理形式往往具有相同或者是相似的质感，但是有时又不完全相同，如人造的花岗岩、人造木料一般都没有天然的花岗岩、木材感觉轻巧、真实，而略显呆板和单调。

二、材料加工性能

材料的加工性能是指材料适应各种加工和工艺处理要求，最终成为目标制品的能力，以及材料在加工成型过程中所表现出来的特性，如通过何种方法成型、成型方法对结构形态设计有何要求、成型质量是否优良、成型方法是否多样、成型成本是否经济、成型效率的高低等。

三、材料的心理体验

材料的心理体验是人对材料的熟悉和了解。一般说来，传统的自然材料朴实无华却细节丰富，它们的亲和力要优于新兴人造材料。新兴的人造材料大多质地均匀，但缺少天然的细节和变化。同时，材料受地域文化及个人经验的影响，产生与人的生理感觉、心理知觉相关的不同特性，如音质、冷暖、软硬、轻重、贵贱、雅俗、好恶等。例如，石头给人粗糙、沉稳、庄重、神秘的感觉，而木材则体现出自然、温馨、健康、典雅的情调，金属是工业、力量、沉重、精确的象征，玻璃则展现出整齐、光洁、锋利、艳丽的内涵（图 1-9）。

图 1-9　石头的粗糙美

从建筑装饰设计中我们可以明显地感觉到不同的材料给人的不同心理体验。玻璃隔断或橱窗装置，让人感觉通透敞亮，原木制作的展柜与展橱则体现纯净天然的田园气息。现代装饰设计在经历了现代科技主义的风格后，开始逐渐向后现代的人文情趣风格转变。材质的审美标准也随之发生了变化。在经历 20 世纪的科技崇拜后，材质的亲和美重新被人们所审视。传统材料被现代装饰设计所看重，设计不再单纯地选用玻璃和铝合金框架，而采用古典的、田园式的砖石和木材制作，再涂上平和悦目的油漆，配上一些较有情趣的小物品，工艺自然而简单。设计者通过这种对材料的用心选择、色彩的精心搭配和功能的合理配置，表现了一种对人性的关怀:不再单纯使用冰冷的不锈钢管和铰链、千篇一律的预制件结构，从而给人亲近感和亲和力，增加了装饰的情趣，也有利于人们对装饰空间产生放松的心情，进而促进装饰设计终极目标的实现，产生良好的效果。

四、材料的经济性

材料的经济性指的是材料的经济性指标，包括材料的价格、加工成本等。在设计过程中除了材料本身的价格影响装饰工程成本预算以外，材料的加工工艺性能对成本也有巨大的影响。加工性能好的材料的竞争力就体现在其加工成形简便、成形质量可靠、对成形设备要求低、表面性能优越等方面。

由于装饰材料多种多样，并且表面处理工艺不断进步，能相互替代的产品很多，而不同材料必定存在或多或少的差价，使得使用价格相对便宜的材料取代价格昂贵的材料成为现实的选择。设计时就应在保证装饰效果、使用安全的前提下，选择使用施工工艺相对简单的材料。

材料的经济性要求不仅要优先考虑价格比较便宜的材料，而且要综合考虑材料对整个装饰产品设计制造、运行使用、维修乃至报废后的回收处理成本等的影响，以获得最佳的技术经济效益。材料的经济性主要表现为以下两方面:一是材料的成本，在建筑装饰设计中，产品的成本应该由材料生命周期成本来表示。显然，降低材料生命周期成本对制造者、使用者和回收者都是有利的。应该从材料本身的相对价格、材料的加工费用方面，提高材料的利用率。二是选材时还应考虑当时当地材料的供应情况，为了简化供应和贮存的材料品种，应尽可能地就近取材。

第二章　建筑装饰木材

木材泛指用于建筑中的木制材料，通常分为软材和硬材。建筑工程中所用的木材主要取自树木的树干部分。木材因取材和加工容易，自古以来就是一种主要的建筑材料。建筑装饰木材主要是经过加工、处理后用于室内外的装饰材料。

第一节　木材的基本知识

一、木材的特点

木材材质轻、强度高，有弹性，易于加工，易于表面涂饰，对电和热有较高的绝缘性，特别是木材有较为自然的纹理，使木材千百年来成为重要的建筑及装饰材料，其特点可以归结如下。

（一）具有天然的纹理

木材是天然的，有独特的质地与构造，其纹理、年轮和色泽等能够给人们一种回归自然、返璞归真的感觉，深受大家喜爱（图 2-1）。

图 2-1　原木截面图

（二）低碳环保的装饰材料

木材本身不存在污染源，其散发的清香和纯真的视觉感受有益于人们的身体健康，与塑料、钢铁等材料相比，木材是可循环利用和永续利用的材料。

（三）优良的物理力学性能

木材是质轻而有高强度的材料，具有良好的绝热、吸声、吸湿和绝缘性能。同时，木材与钢铁、水泥和石材相比具有一定的弹性，可以缓和冲击力，提高人们居住和活动的安全性（图 2-2）。

图 2-2　实木装饰家具

（四）良好的加工性

木材材质轻软，可以很方便地进行锯、刨、钉、剪等机械加工，以及贴、粘、涂、画、烙、雕等装饰加工。

（五）较强的装饰性

木材天然纹理清晰，木质细腻，通过加工、刨切，具有独特的装饰效果，视觉上也会给使用者带来亲切柔和的感受。

基于上述的特点，木质装饰材料迄今为止仍然是建筑装饰领域应用最多的材料。它们有的具有天然的花纹和色彩，有的具有人工制作的图案，有的体现出大自然的本色，有的显示出人类巧夺天工的装饰本领，为装饰世界带来了清新、欢快、淡雅、华贵、庄严、肃静、活泼、轻松等各种各样的气氛（图 2–3）。

图 2–3 实木装饰家具

二、木材的分类

木材属于天然建筑装饰材料，生长环境的不同决定了木材的适用性和装饰性的不同。树木按树叶不同可分为针叶树和阔叶树两大类。

（一）针叶树

针叶树叶子细长呈针状，大多为四季常青树。树干通直且高大，纹理顺直，材质均匀，木质较软，易于加工，故称“软木材”。针叶树材如云杉、冷杉、柏木、马尾松、红松、白松、落叶松等。针叶树材的特点是：密度较小，材质较松软，主要供建筑木龙骨、家具基层板、装饰木龙骨等用途。建筑装饰中的木龙骨隔墙，木地板龙骨格栅都是软木针叶树（图 2–4）。

（二）阔叶树

阔叶树树叶宽大，叶脉呈网状，大多为落叶树，树干通直部分较短，材质较硬，较难加工，故称“硬木材”。阔叶树材如桦木、水曲柳、栎木、榉木、椴木、樟木、柚木、紫檀、酸枝、乌木等，种类比针叶树材多。多数阔叶树材密度较大，材质较为坚硬，更多地被用于家具制作和室内装修（图 2–5）。

图 2–4 建筑木龙骨

图 2–5 黑胡桃实木木料

第二节 常用装饰木材

一、建筑装饰木材的分类

木质装饰材料按其结构与功能不同可分为木地板、装饰薄木、木质人造板、装饰人造板、装饰型材五大类。

（一）木地板

木地板是木材中较为常用的装饰材料。木地板一般可分为实木地板、拼花地板块、长条企口地板、软木地板、多层复合地板、三层复合地板、五层复合地板、浸渍纸贴面复合强化地板、立木地板、六角形立木地板、立木拼花地板等。这些以实木地板为主的各种品类，后面专门有章节介绍。

木地板的基材最初只采用质地坚硬、花纹美观、不易腐烂的原木木材。这种以木材直接刨切加工的纯实木地板，由于其纯天然的木质构造，至今仍然在市场上畅销不衰（图 2–6）。近些年来，由于人造板的迅速发展，采用胶合板、刨花板、硬质纤维板和中密度纤维板为基材进行二次加工制造的木地板已日渐风行。特别是采用中密度纤维板为基材，经三聚氰胺浸渍纸贴面加工而成的复合强化地板，已成为人造板结构类地板中的佼佼者。

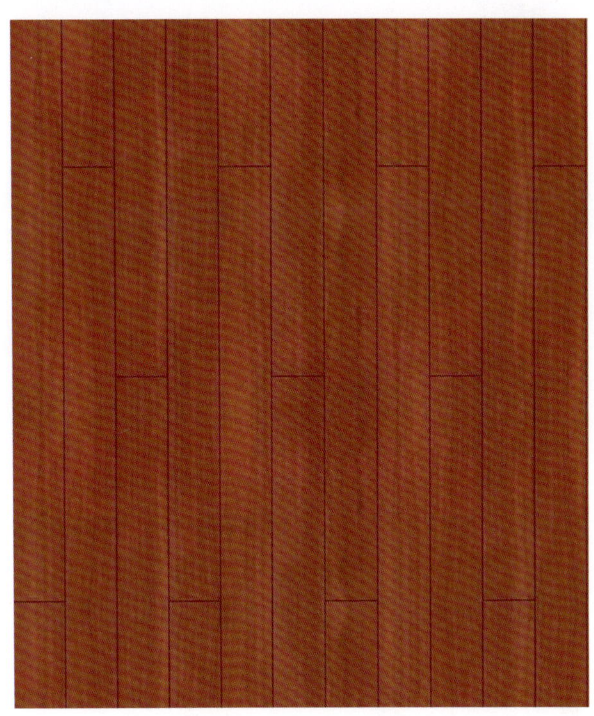

图 2–6 樱桃木实木地板

（二）装饰薄木

装饰薄木是一种采用普通树种经过机械加工、漂白、染色等一系列工序后再经重新排列组合和胶压而成的装饰材料。通常分为天然薄木、集成薄木和人造薄木（图 2–7）。

1. 天然薄木

天然薄木是采用珍贵树种，经过水热处理后刨切或半圆旋切而成。天然薄木对木材的材质要求高，往往是名贵木材，市场价格一般比较高。

图 2–7 装饰薄板

2. 集成薄木

集成薄木是将一定花纹要求的木材先加工成规格几何体，胶合的表面涂胶，结成集成木方，再经刨切成集成薄木。集成薄木图案的花色很多，色泽与花纹的变化依赖天然木材，自然真实。

3. 人造薄木

人造薄木是用普通树种的木材单板经染色、层压和模压后制成木方，再经刨切而成。人造薄木可仿制各种珍贵树种的天然花纹，甚至做到以假乱真的地步，当然也可制出天然木材没有的花纹图案。

（三）木质人造板

木质人造板是装饰装修中大量应用的基本材料，也是装饰人造板采用最多的板材。它是木材、竹材、植物纤维等材料经不同加工制成的纤维、刨花、碎料、单板、薄片、木条等基本单元经干燥、施胶、铺装、热压等工序制成的一大类板材。这类板材品种很多，包括胶合板、软质纤维板、硬质纤维板、中密度纤维板、普通刨花板、定向刨花板、微粒板、实心细木工板、空心细木工板、集成材、指接材、层积材等，大多采用木材采伐剩余物、加工剩余物、间伐材、速生工业用材或非木材植物如竹材、蔗渣、棉秆、麻秆、稻草、麦秸、高粱秆、玉米秆、葵花秆、稻壳等作主要原料，资源广泛，成本低廉，是建筑和装饰装修目前和今后应当大力发展的材料（图 2–8）。

图 2–8 装饰纤维板

(四)装饰人造板

装饰人造板是将木质人造板进行各种装饰加工而成的板材。由于色泽、平面图案、立体图案、表面构造、光泽等等的不同变化，大大丰富了材料的视觉效果、艺术感受，提高了材料的声、光、电、热、化学、耐水、耐候、耐久等性能，增强了材料的表达力并拓宽了材料的应用面，因而成为装饰领域应用最广泛的材料之一。

装饰人造板一般包括贴面装饰人造板、浸渍纸贴面人造板、微薄木贴面人造板、表面加工人造板、植绒装饰吸音板、浮雕装饰人造板等。

(五)装饰型材

装饰型材有木线条、雕花木线条、装饰木门、模压浮雕木门、薄木拼花贴面木门等(图 2–9)。

装饰型材近些年来异军突起，成为装饰领域里发展最快的材料之一。它是采用木材、竹材、人造板、植物等原料经机械加工、模压、贴面等工艺制造而成的可以直接用于室内墙面、地面、顶棚的装饰装修以及直接用作门窗、扶梯等结构件的一类材料。这类材料常用于墙角线、踢脚线、吊顶板、墙裙、楼梯、扶手、木门窗等。

其中，以装饰人造板和木地板的品种及花色最多，应用也最广。在木地板的五大类中，多层复合地板、竹木地板和复合强化地板是近几年发展较快的木制装饰产品，其中尤以复合强化地板发展最快，它以优良的性能和合适的价格吸引了广大的顾客。装饰人造板则不仅产量增长迅猛，花色品种也层出不穷，其中以不同材料的贴面装饰人造板发展最快。装饰薄木由于珍贵树种的日渐减少，天然刨切薄木增长减慢，人造薄木的品种和产量不断增加。近年来装饰型材也大量涌向装饰市场，品种和花色更新极快，成为消费新热点。

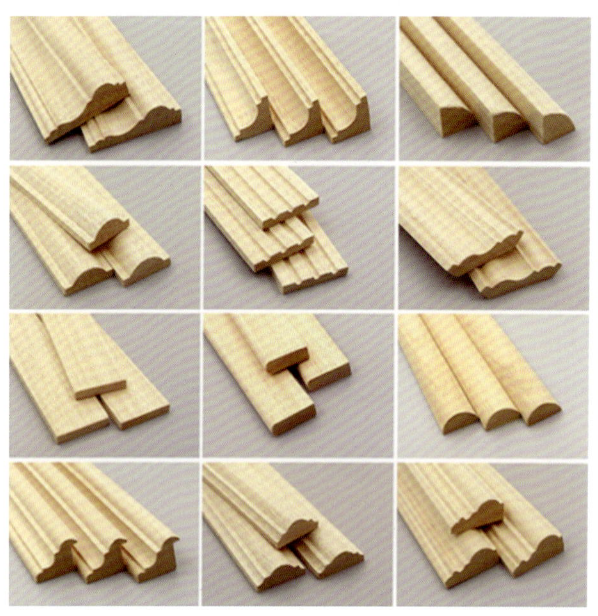

图 2–9 装饰木压线

二、木质材料的装饰方法

木质材料的装饰方法目前主要有如下几类。

(一)拼花

这类装饰主要利用木材和竹材的天然花纹和色泽，人为地排列组合成一定图案的装饰件。例如地板的拼花、刨切薄木和旋切薄竹的拼花等。人造薄木的制作与应用也可以归属于这一类装饰(图 2–10)。

图 2–10 木质装饰拼花

（二）贴面

这是木质装饰材料目前应用最广泛的装饰方法。随着科学技术的进步和人们对生活质量要求的不断提高，表面装饰材料发展极快，木质、塑料、金属、玻璃、纺织品、无机矿、皮革、天然纤维等各种材料的装饰制品层出不穷，变化万千，使贴面装饰成为主要的装饰手段。它装饰工艺简单，图案色泽花样多，装饰效果很好，深受广大人民喜爱。其中尤以树脂浸渍材料贴面最为风行，低压短周期贴面工艺和真空负压贴面工艺的出现加快了这一装饰方法的发展（图 2-11）。

图 2-11 木质装饰贴面

（三）涂饰

涂饰是最古老、最普遍、最易行的装饰方法，在室内装饰中也是应用最多的装饰方法之一。无论是透明涂饰还是不透明涂饰，都应用得相当多。转移印刷、木纹直接印刷也属于这类装饰。

（四）表面加工装饰

这类装饰是采用机械、电子、化学、光学等方法，在材料表面制作色彩和图案，包括立体图案。有开沟槽、烙花、压花、打孔、喷粒、模压浮雕、电雕刻、光雕刻、植绒、发泡等多种手段。近些年来，还出现了表面瓷化、电镀等新的表面装饰工艺。表面加工装饰常常与其他的装饰处理方法结合起来，可以得到更好的装饰效果。例如，将机械铣型和真空覆膜结合起来，可以获得极佳的立体图案。

三、常用的装饰饰面板

（一）沙比利

沙比利又称红影木，木纹交错，有波状纹理，疏松度中等，光泽度高；边材淡黄色，心材淡红色或暗红褐色。广泛应用于普通家具、细木家具、装饰单板、镶板、地板、室内外连接用木构件、门窗基架、门楼梯等装饰。

装饰性能：弯曲强度、抗压强度、抗腐蚀性和耐用性中等；韧性、弯曲性能较低；加工比较容易，刨削过程中开裂；胶粘、开榫、钉钉的性能良好；上漆等表面处理的性能良好。

（二）胡桃木

胡桃木属木材中较优质的一种，主要产自北美和欧洲。国产的胡桃木，颜色较浅。黑胡桃呈浅黑褐色带紫色，弦切面为美丽的大抛物线花纹。黑胡桃非常昂贵。

装饰性能：胡桃木易于用手工和机械工具加工，适于敲钉、螺钻和胶合。可以持久保留油漆和染色，可打磨成特殊的最终效果，具有良好的尺寸稳定性。主要用于家具、橱柜、建筑内墙装饰、门、地板和拼板。胡桃木与浅色木材搭配是理想的装饰材料。

（三）橡木

橡木又分为白橡和红橡，其材质较硬重，花纹美观，是制作家具、地板、室内木线等的优质材料。国外进口的橡木分为白栎和红栎两类商品材，即白橡和红橡。红橡主产在北美及欧洲等，白橡主产在亚洲、欧洲及北美（图 2-12）。

图 2-12 橡木饰面板

材质性能：橡木硬重，纹理直，结构粗，色泽淡雅，花纹美观，力学强度相当高，耐磨损，但木材不易干燥锯解和切削。白橡、红橡的切片也是生产贴面胶合板的理想用材。其花纹也有直纹和横纹的区别，直纹比较好看，价格也稍贵一些。

（四）水曲柳

水曲柳主要产于东北、华北等地。呈黄白色（边材）或褐色略黄（心材）。年轮明显但不均匀，木质结构粗，纹理直，花纹美丽，有光泽，硬度较大。

装饰性能：水曲柳具有弹性、韧性好，耐磨，耐湿，加工性能好，切面光滑，油漆性能较好的特点（图2-13）。

图 2-13 水曲柳饰面板

（五）柚木

柚木是热带树种，要求较高的温度，落叶乔木，木材暗褐色，坚硬，耐腐蚀，纹理明显，刷漆后装饰性能好。柚木产地以印尼、泰国、缅甸最为著名。

柚木是制作各种装饰性家具、木门、地板以及室内外装饰的好材料（图2-14）。

（六）紫檀木

中国古代家具多用紫檀木，属高档木材。该木材质地坚硬、表面光滑、花纹明显，呈红褐色或红色，主要产于印度和其他地区的热带森林中。古代家具多不上漆，看上去凝重、沉稳，有“寸檀寸金”之说，令许多文人陶醉。

图 2-14 柚木饰面板

（七）花梨木

花梨木，深红褐色，色彩鲜美，纹理较粗，质地细腻，有香味，有的有疤节。古代把老花梨又称为黄花梨，是制作家具的主要原料，突出了木质本身纹理的自然美，给人以文静、柔和的感觉。主产于我国广东、云南等地。主要用途：家具、橱柜及其他木制品（图2-15）。

（八）红木

红木，又称为“黑檀”或“珊瑚木”，起色深红，纹理致密，木质沉重。主要产于孟加拉国、印度的阿萨密和孟买以及缅甸等潮湿的森林中。主要用途：家具、橱柜及其他木制品。

图 2-15 花梨木饰面板

（九）红榉木

红榉木是榉木中的一个类别，相对于黄榉木、山毛榉等普通榉木而言，红榉木最明显的特征是颜色偏红，质地坚硬无比，色泽艳丽华贵，深受世人喜爱。天然榉木饰面板材有两种颜色：白榉呈浅淡黄色，红榉稍偏红色。常用的榉木有珍珠纹、直纹和山纹三种板纹。在众多的饰面板材中，红榉木饰面板是目前家庭装修中使用最多的一种材料。

（十）树瘤

树瘤，是少数名贵木材长出的瘤，因其内部纤维组织产生了变化，形成了各种不同的纹理。树瘤纹理华美，不易变形，因此是名贵的装饰材料。主要用途：家具制作、家具镶贴，装饰木制品及手工艺品（图 2–16）。

图 2–16 树瘤饰面板

第三章　建筑装饰板材

装饰板材是在建筑装饰工程中运用最为广泛的材料品种，主要应用于建筑表面，对建筑部位起保护、支撑和装饰的作用。

第一节　装饰板材

一、基层板与面层板的区别

基层板材一般指厚度在 9~20mm 之间的细木工板、指接板、纤维板、刨花板、胶合板、密度板、澳松板等板材。

面层板材（饰面板）一般指厚度在 3~5mm 之间，表面贴皮的板材，如红榉木、胡桃木、红木、白橡木、沙比利等（图 3–1）。

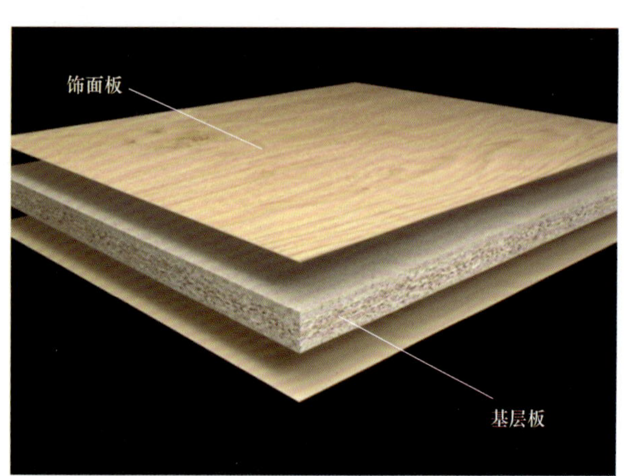

图 3–1　基层板和面层板结构图

二、装饰板材的种类

装饰板材一般分为两类：一类为木质板材，另一类为人造板材。

木质板材是由原木切割成的各类尺寸不一的成材，现代家具就是利用切割板材拼接而成。木质装饰板材又可分为基层板材和面层板材。

人造板材是一种复合装饰材料，它是由原木质的材料或者木材加工的下脚料，加入一定量的胶黏剂和添加剂，经过机械加工而成。人造板材主要有细木工板、指接板、纤维板、刨花板、胶合板、密度板、澳松板、欧松板等。其他材质的板材还有防火板、玻璃板、铝塑板、防火板等。

第二节　常用的装饰木质板材

一、细木工板

俗称“大芯板”，是由两片单板中间胶压拼接木板而成。中间木板是由优质天然的木板经热处理以后，加工成的规格木条，由拼板机拼接而成。拼接后的木板两面各覆盖两层优质单板，再经冷、热压机胶压后制成。细木工板具有质轻、易加工、握钉力好、不变形等优点，是室内装修和制作家具的理想装饰材料（图 3–2）。

图 3–2　细木工板

（一）细木工板的结构

细木工板最外层的单板叫表板，内层单板称中板，板芯层称木芯板，组成木芯板的小木条称为芯条。木芯板的主要作用是为板材提供一定的厚度和强度，中板的主要作用是使板材具有足够的横向强度，同时缓冲因木芯板的不平整给板面带来的不良影响，表板除了使板面美观以外，还可以提高板材的纵向强度。

细木工板握螺钉力好，强度高，具有质坚、吸声、绝热等特点，而且含水率不高，在 10%~13% 之间，加工简便，用途最为广泛。细木工板板面美观，幅面宽大，使用方便。主要应用于家具、木门、墙面造型等。

（二）细木工板的分类

（1）按板芯结构分：实心细木工板，即以实体板芯制成的细木工板；空心细木工板，即以方格板芯制成的细木工板。

（2）按板芯接拼状况分：胶拼板芯细木工板，即用胶黏剂将芯条胶粘组合成板芯制成的细木工板；无胶拼板芯细木工板：不用胶黏剂将芯条组合成板芯制成的细木工板。

（3）按细木工板加工方式不同可分成三类：单面砂光细木工板、双面砂光细木工板和不砂光细木工板。

（4）按层数分：三层细木工板，即在板芯的两个大表面各粘贴一层单板制成的细木工板；五层细木工板，即在板芯的两个大表面各粘贴两层单板制成的细木工板；多层细木工板，即在板芯的两个大表面各粘贴两层以上单板制成的细木工板。

（三）细木工板的选择

1. 材料的识别

细木工板的材料品种有杨木、桦木、松木、泡桐等，其中以杨木、桦木为最好，质地密实，木质不软不硬，握钉力强，不易变形，而泡桐的质地很轻、较软、吸收水分大，握钉力差，不易烘干，制成的板材在使用过程中，当水分蒸发后，板材易干裂变形。而硬木质地坚硬，不易压制，拼接结构不好，握钉力差，变形系数大。

2. 表面的识别

细木工板表面应平整，无翘曲、变形，无起泡、凹陷；芯条排列均匀整齐，缝隙小，芯条无腐朽、断裂、虫孔、节疤等。

3. 声音的识别

有的细木工板偷工减料，实木条的缝隙大，如果在缝隙处打钉，则基本没有握钉力。再就是用尖嘴器具敲击板材表面，听一下声音是否有很大差异，如果声音有变化，说明板材内部存在空洞。

（四）细木工板的应用

细木工板广泛应用于家具、门窗及套、隔断、假墙、暖气罩、窗帘盒等。

二、生态板

（一）生态板的结构

生态板，又称免漆板，全称是三聚氰胺浸渍胶膜纸饰面人造板，简称三聚氰胺板。是将带有不同颜色或纹理的纸放入三聚氰胺树脂胶黏剂中浸泡，然后干燥到一定固化程度，将其铺装在刨花板、中密度纤维板或硬质纤维板表面，经热压而成的装饰板。在生产过程中，一般是由数层纸张组合而成，数量多少根据用途而定（图 3–3）。

图 3–3　生态板

（二）生态板的性能

（1）优点：可以任意仿制各种图案，色泽鲜明，用作各种人造板和木材的贴面，硬度大，耐磨，耐热性好；耐化学药品性能好，能抵抗一般的酸、碱、油脂及酒精等溶剂的磨蚀；表面平整，光滑整洁，易维护清洗。

（2）缺点：封边易崩边，胶水痕迹较明显。

（三）生态板的应用

由于它具备了天然木材所不能兼备的优异性能，故常用于室内家具、橱柜的制作。

三、密度板

（一）密度板的结构

密度板，也称纤维板，是将木材、树枝等物体放在水中浸泡后打碎压制而成，是以木质纤维或其他植物纤维为原料，施加胶黏剂制成的人造板材。内部组织结构细密、可以加工成各种异形的边缘，并且不必封边直接涂饰，可以取得较好的造型效果。组织结构均匀，内外一致，可以进行雕花加工和加工成各种断面的装饰线条，替代天然木材作结构材料（图 3–4）。

图 3–4 密度板

（二）密度板的种类

按其密度的不同，密度板分为高密度板、中密度板、低密度板。密度板由于质软耐冲击，强度较高，压制好后密度均匀，也容易再加工，是制作家具的良好材料，但缺点是防水性较差。

（三）密度板的应用

密度板应用于室内家具、木门以及办公桌椅的基层材料。也可用作计算机室抗静电地板、护墙板、防盗门、墙板、隔板等的制作材料。它还是复合地板、强化地板的主要材料。

四、胶合板

（一）胶合板的结构

胶合板是由一组单板按相邻层木纹方向互相垂直组坯热压胶合而成的板材。

（二）胶合板的种类

常见的胶合板有三夹板、五夹板和九夹板等。

（三）胶合板的性能

（1）消除了天然疵点、变形、开裂等缺点，各向异性小，材质均匀，强度较高；

（2）纹理美观的优质材做面板，普通材做芯板，增加了装饰木材的出产率；

（3）因其厚度厚、幅面宽，产品规格化，使用起来很方便。

（四）胶合板的应用

胶合板常用于门面、隔断、吊顶、墙裙等装饰部位。

五、刨花板

（一）刨花板的结构

刨花板，又叫微粒板、蔗渣板，是由木材或其他木质纤维素材料制成的碎料，施加胶黏剂后在热力和压力作用下胶合成的人造板。又称碎料板。主要用于家具和建筑工业及板式家具的制造（图 3–5）。

图 3–5 刨花板

（二）刨花板的种类

刨花板是用木材碎料为主要原料，再掺加胶水、添加剂经压制而成的薄型板材。按压制方法可分为挤压刨花板、平压刨花板两类。

（三）刨花板的性能

此类板材主要优点是价格极其便宜。其缺点也很明显：强度极差。一般不适宜制作较大型或者有力学要求的家具。

六、欧松板

（一）欧松板的结构

欧松板是一种新型环保建筑装饰材料。欧松板是以小径材、间伐材、木芯为原料，通过专用设备加工成40~100mm长、5~20mm宽、0.3~0.7mm厚的刨片，经脱油、干燥、施胶、定向铺装、热压成型等工艺制成的一种定向结构板材（图3–6）。

图3 6 欧松板

（二）欧松板的性能

欧松板内部为定向结构，无接头、无缝隙、无裂痕，整体均匀性好，内部结合强度极高，所以无论中央还是边缘都具有普通板材无法比拟的超强握钉能力。

欧松板全部采用高级环保胶黏剂，符合欧洲最高环境标准EN300标准，成品完全符合欧洲E1标准，其甲醛释放量几乎为零，可以与天然木材相媲美，远远低于其他板材，是目前市场上最高等级的装饰板材。欧松板的市场价格也与高档大芯板相当，而无论环保性能还是物理特性，欧松板都具有优势。

（三）欧松板的应用

欧松板是目前世界范围内发展最迅速的板材，广泛用于建筑、装饰、家具、包装等领域，是细木工板、胶合板的升级换代产品。

七、澳松板

（一）澳松板的结构

澳松板，又名定向结构刨花板。澳松板是一种进口的中密度板，是大芯板、欧松板的替代升级产品，更加环保。

（二）澳松板的性能

澳松板具有很高的内部结合强度，每张板的板面均经过高精度的砂光处理，确保一流的光洁度。板材表面具有天然木材的强度和各种优点，同时又避免了天然木材的缺陷。

澳松板对螺丝钉的握钉效果很好，但对锤子凿进的大钉握钉性能一般。所以建议多使用螺丝钉的方式安装（图3–7）。

图3–7 澳松板

（三）澳松板的应用

澳松板广泛应用于装饰、家具、建筑、包装等行业，其硬度大，适合做衣柜、书柜，不会变形，承重好，防火防潮性能优于传统大芯板，材料环保。

第三节　其他常用装饰板材

一、矿棉板

（一）矿棉板的结构

矿棉板一般指矿棉装饰吸声板。以粒状棉为主要原料加入其他添加物高压蒸挤切割制成，不含石棉，防火吸音性能好。表面一般有无规则孔（俗称毛毛虫）或微孔（针眼孔）等（图 3–8）。

图 3–8　矿棉吸声板

（二）矿棉板的性能

矿棉板具有吸音、不燃、隔热、装饰等优越性能，是良好的室内天棚装饰材料。

（1）降噪性：矿棉板以矿棉为主要生产原料，而矿棉微孔发达，可减小声波反射、消除回音、隔绝楼板传递的噪声。

（2）吸音性：矿棉板是一种具有优良吸音性能的材料。在用于室内装修时，吸音率可达 0.5 以上，适用于办公室、学校、商场等场所。

（3）隔音性：通过天花板材有效地隔断各室的噪声，营造安静的室内环境。

（4）防火性：矿棉板是以不燃的矿棉为主要原料制成的，在发生火灾时不会产生燃烧，从而有效地防止火势的蔓延。

（三）矿棉板的应用

矿棉板广泛应用于宾馆、饭店、剧场、商场、办公场所、播音室、演播厅，计算机房及工业建筑的吊顶或墙面装饰等。

二、防火板

（一）防火板的结构

防火板又名耐火板，是具有丰富的色彩和纹路的特殊的防火装饰材料（图 3–9）。

图 3–9　防火板

（二）防火板的性能

防火板是原纸（钛粉纸、牛皮纸）经过三聚氰胺与酚醛树脂的浸渍工艺，高温高压而成。具有表面硬度高、耐磨、耐高温、耐撞击，表面毛孔细小不易被污染，耐溶剂性、耐水性、耐焰性等机械强度。绝缘性、耐电弧性良好且不易老化。防火板表面光泽性、透明性良好，能很好地还原色彩，花纹有极高的仿真性。

（三）防火板的应用

防火板广泛应用于室内装饰、家具、橱柜、实验室台面、外墙等装饰部位。

三、阳光板

（一）阳光板的结构

阳光板，简称 PC 板，是目前国际上广泛采用的一种高强度、透光、隔音、节能的新型优质装饰材料（图 3–10）。

图 3–10　阳光板

（二）阳光板的应用

阳光板普遍用于各种建筑采光屋顶和室内装饰装修，透光隔热及隔音屏障路牌广告、灯箱广告及展览。

四、亚克力

（一）亚克力的结构

亚克力，俗名特殊处理有机玻璃。亚克力板由甲基烯酸甲酯单体（MMA）聚合而成，即有机玻璃。

（二）亚克力的性能

（1）较强的透明度。亚克力具有高透明度，透光率达 92%，有“塑胶水晶”之美誉。

（2）优良的耐候性。对自然环境适应性很强，即使长时间日光照射、风吹雨淋也不会使其性能发生改变，抗老化性能好。

（3）加工性能良好。既适合机械加工又易热成型，可以染色，表面可以喷漆、镀膜。

（4）优异的综合性能。品种繁多、色彩丰富，并具有极其优异的综合性能，为设计者提供了多样化的选择。

（5）无毒无味。即使与人长期接触也无害，燃烧时不产生有毒气体。

（三）亚克力的用途

（1）建筑应用：橱窗、隔音门窗、采光罩、电话亭等。

（2）广告应用：灯箱、招牌、指示牌、展架等。

（3）交通应用：火车、汽车等车辆门窗等。

（4）照明应用：日光灯、吊灯、街灯罩等。

五、玻镁防火板

（一）玻镁防火板的结构

玻镁防火板是经机械流水作业压制复合而成，通过抛光铺浆处理，表面光滑，适用于房屋吊顶、隔墙、隔断、保温、防火门衬板等（图 3–11）。

图 3–11　玻镁防火板

（二）玻镁防火板的性能

玻镁防火板具有不燃不爆，耐水、耐油、耐化学腐蚀，无毒以及机械强度高等特点；重量轻、可切割、可钻孔、可钉，便于现场施工；隔热、隔声、吸音、防火、防水、耐腐蚀、经久耐用。

（三）玻镁防火板的用途

玻镁防火板可替代木质胶合板做墙裙、门窗板、家具等，也可根据需要做调和漆、清水漆，并可加工成各种类型的板面。广泛应用于高层住宅、宾馆、写字楼、商业购物中心、实验室、工厂、活动房、医院、火车站的隔断及吊顶防火装饰材料。

第四章　建筑装饰木地板

木地板是天然硬木树种和软木树种经过加工而制成的条形地面装饰材料，具有隔声、保温、防静电、舒适、安装方便等特点，是建筑装饰工程中最为常用的材料。

第一节　木地板的基本知识

一、木地板的分类

木地板可分为实木地板、实木复合地板、强化木地板、竹木地板和软木地板五大类。

（一）实木地板

天然木材是实木地板的原料，整块木地板使用原木材料加工而成，由于实木地板选用天然材料，并始终保持其自然本色，不会对人体和环境产生污染，是首选绿色装饰材料（图 4–1）。

图 4–1　实木地板

（二）实木复合地板

实木复合地板是一种新型装饰材料，是将实木锯切刨切成表面板、芯板和底板单片，再把不同材质的单层板依照“纵向—横向—纵向”的层次依次排列，用胶粘贴，并在高温下压制成板。实木复合地板可分为三层实木复合地板、多层实木复合地板、细木工复合地板三大类（图 4–2）。

图 4–2　实木复合地板

（三）强化木地板

强化木地板是现代科学技术对新型装饰材料的贡献，具有质轻耐磨、价格便宜、花色繁多、易于安装等优点。它的结构一般分为四层：耐磨层、装饰层、人造板基材、底层（图 4–3）。

图 4–3　强化木地板

（四）竹木地板

竹木地板是以天然优质竹子为原料加工而成的装饰材料。竹木地板具有纹理通顺，色调高雅，自然无污染，尺寸稳定性好，力学强度好，经久耐用等优点。北方气候比较干燥，原本并不适宜铺用生长于南方的竹子做成的地板。但是竹木地板在制作过程中将置于高温、高湿、高压的环境中进行脱脂、脱水，对空气中湿度的变化已不敏感，因此竹木地板在北方使用是没有问题的。如今竹木地板以其幽雅的内在气质和赏心悦目的外观，正逐渐受到百姓的青睐（图 4–4）。

图 4–4　竹木地板

（五）软木地板

软木地板是以栎树（橡树）的树皮为原料，经过粉碎、热压而成板材，再通过机械设备加工而成的。具有环保、隔声、防潮、脚感舒适等特点。

软木地板有其特殊的适用场合，如宾馆、图书馆、医院、托儿所、计算机房、播音室、会议室、练功房及有老人和孩子的家庭等场合（图 4–5）。

图 4–5　软木地板

二、木地板的主要性能

了解木地板的性能有助于正确地使用木地板，从而提升木地板的使用效果，延长其使用寿命。

1. 含水率

木材有干缩湿胀性，因此含水率是木地板最重要的质量指标之一。在南方潮湿的气候下，地板常常由于湿胀出现局部或大面积的隆起。在北方干燥的气候下，则由于干缩而出现接口裂缝或地板的裂纹。因此，木地板在施工前的过干过湿都是不适宜的，制造和施工时应考虑当地的平衡含水率并采取一定的防护措施。

2. 表面耐磨性

地板的表面一般都经过涂饰、覆膜等处理，除去木地板的本身材质硬度，表面油漆也是决定木地板质量的一项因素（图 4–6）。

图 4–6　实木地板

3. 表面耐冲击性

作为地面材料，应当要求一定的表面耐冲击性，以免在使用中当物件掉落地面时形成凹陷。一般而言，地板的材质较硬和表面处理材料韧性较好时，地板的表面耐冲击性较高。

4. 胶合强度和剥离强度

胶合强度针对多层材料复合的复合地板，剥离强度针对浸渍纸饰面或油漆饰面的地板。

5. 甲醛释放量

实木地板属天然木材，也含有微量甲醛，一般对人体不会造成危害。以人造板为基材和以木、竹材料经加工然后胶合而成的地板，由于胶合剂中未参与反应的游离甲醛的存在，会导致使用中甲醛在室内空间的释放而危害人体(图 4–7)。

图 4–7　实木复合地板

三、木地板的外观质量

木地板的外观质量比较易于鉴别，一般如下：

(1)节疤。节疤有死节、活节。死节强度极小，色泽也已发黑，显然是不允许的。活节有时并不影响外观，反而带有花纹的性质。过多的节疤会在地面上显出凌乱的感觉，所以要看节的多少和节的大小(图 4–8)。

图 4–8　木地板装饰地面

(2)腐朽。腐朽分内腐和外腐，外腐显然是经不起鉴别的，但内腐往往不易发现，可以通过敲击、试重量来估计。内腐的地板敲击声沉闷，重量较轻。

(3)裂纹。有透裂、丝裂、内裂、外裂等。实木地板、人造板地板、复合地板都可能出现这样的缺陷。大的裂纹一般都是不允许的。

(4)虫孔。虫孔直径大或分布多而面积大，自然会影响外观，但直径小而分布均匀，则有一种天然的特殊装饰效果。

(5)色变。陈放、处理和加工的不同会引起地板基材或地板产品的色变。色变一般是局部的，而且色别和色差也不尽一致，这自然影响了外观。如果色变的色别和色差是一致的，则对地板是一种装饰，能起到美化外观的作用。

四、木地板的保养

(1)保持地板干燥、清洁。不能用滴水的拖把拖地板或用碱水、肥皂水擦地板，以免破坏油漆表面的光泽。

(2)保持房间通风。不可长时间紧闭门窗，以免地板起鼓变形。

(3)尽量避免阳光暴晒，以免表面油漆长期在紫外线的照射下提前老化、开裂。

(4)局部板面不慎染污应及时清除。若有油污，可用抹布蘸温水及少量洗衣粉擦洗，若是药物或颜料，必须在污迹未渗入木质表层以前加以清除。

(5)最好每三个月打一次蜡，打蜡前要将地板表面的污渍清理干净。经常打蜡，可保持地板的光洁度，延长地板的使用寿命。

(6)避免尖锐器物划伤地板表面，尽量避免拖动沉重的家具。

第二节　实木地板

实木地板是用天然木材经锯解、干燥后直接加工成不同几何单元的地板，其特点是断面结构为单层，充分保留了木材的天然性质。近些年来，虽然有不同类别的地板大量涌入市场，但实木地板以它不可替代的优良性能稳定地占领着一定的市场份额。常用的有榉木、柞木、花梨木、水曲柳、楸木、紫檀、柚木、甘巴豆、龙脑香、酸枝木等实木地板树种。

一、实木地板的树种

实木地板由于未经结构重组和与其他材料复合加工，对树种的要求相对较高，档次也由树种的不同品质而拉开。一般来说，地板用材以阔叶材为多，档次也较高，针叶材较少，档次也较低。近年由于国家实施天然林保护工程，进口木材作为实木地板原料增多。

用作实木地板用材的树种可分为以下三大类。

1. 国产阔叶材

国产阔叶材是应用较多的一类，常见的有：榉木、柞木（图 4-9）、花梨木、檀木、楠木、水青冈、水曲柳、麻栎、高山栎、黄锥、红锥、白锥、红青冈、白青冈、槐木、白桦、红桦、枫桦、檫木、榆木、黄杞、槭木、楝木、荷木、白蜡木、红桉、柠檬桉、核桃木、硬合欢、楸木、樟木、椿木等。

图 4-9 柞木实木地板

2. 进口材

进口木地板用材日渐增多，种类也越来越复杂，大致有如下一些：紫檀、柚木、花梨木、酸枝木、榉木、桃花芯木、甘巴豆、大甘巴豆、龙脑香、木夹豆、乌木、印茄、蚁木、白山榄长、水青冈等。

3. 针叶材

用针叶材做实木地板较少，其常用于多层复合地板的芯材。这类树种有：红松、落叶松、红杉、铁杉、云杉、油杉、水杉等（图 4-10）。

图 4-10 北美杉木实木地板

二、实木地板的分类

1. 按表面加工的深度分

（1）免漆木地板。免漆木地板的表面已经涂刷了地板漆，安装后可以直接使用。这类木地板适合地面比较平整的地面直接铺设。

（2）无漆素木地板。无漆素木地板表面没有进行喷漆处理，在铺装完必须再经过打磨、涂刷地板漆后才能使用。适合应用于架空式木地板的安装。因此，无漆素板安装比较费时费工，成本较高。

2. 按加工工艺分

（1）企口实木地板。该地板在纵向和横向都开有榫槽，背面都开有抗变形槽，铺装时相互搭接。企口实木地板榫槽结构插接较为牢固，不易变形，铺装比较方便，是目前装饰材料中最为常见的板材处理方式（图 4-11）。

图 4-11 企口实木地板

（2）锁扣实木地板。锁扣实木地板比企口实木地板搭接更紧密。该扣型克服了大多数木地板受外界冷热干湿变化过程中产生的离缝、翘曲起鼓等问题，在铺装过程中，彻底免钉、免胶、免龙骨，直接铺设于地面，经济实用（图 4-12）。

图 4-12 锁扣实木地板

（3）指接地板。由等宽、不等长的板条通过榫槽结合、胶粘而成的地板块，接成以后的结构与企口地板相同。

（4）拼接地板。由等宽小板条拼接起来，再由多片指接材横向拼接，这种地板幅面大、尺寸稳定性好。

（5）拼花实木地板。由小块地板按一定图形拼接而成，其图案有规律性和艺术性。这种地板生产工艺复杂，精密度也较高。

第三节　实木复合地板

实木复合地板是利用优质阔叶材或其他装饰性很强的合适材料作表层，以材质软的速生材或以人造材作基材，经高温高压制成的兼具强化地板稳定性与实木地板优点的多层结构木地板。

一、实木复合地板的种类

实木复合地板可分为三层实木复合地板、多层实木复合地板和细木工贴面复合地板。

（1）三层实木复合地板，由三层实木交错层压而成，表层为优质硬木规格板条镶拼板，芯层为软木板条，底层为旋切单板。

（2）多层实木复合地板，是以多层胶合板为基材，表层以优质硬木片镶拼板或刨切单板为面板，涂布脲醛树脂胶，经热压而成（图 4–13）。

图 4–13　多层实木复合木地板

（3）细木工贴面复合地板，是以细木工板作为基材板层，表面用名贵硬木树种作为面板，经过热压机热压而成。

二、实木复合地板的性能

实木复合地板是以中、高密度纤维板为基材的强化木地板或以刨花板为基材的强化木地板。实木地板的材源短缺，价格昂贵，因此，实木复合地板的产生满足了人们对于实木材质地板的需求。实木复合地板既有实木地板天然纹理、温馨舒适、保温性能好的优点，又避免了实木地板易伸缩变形、翘曲开裂的不足，深受消费者喜爱。实木复合地板具有质轻、规格统一的特点，便于施工安装，可节省工时及费用。它的强度大，弹性好，富有脚感，可在除浴室外的任何空间使用，装饰效果温馨、典雅。

1. 实木复合地板的优点

（1）实木复合地板的主要原料来自人工速成林，保护了森林资源；

（2）无需打蜡、抛光等表面处理，保养简单，容易保洁；

（3）图案、色彩、品种丰富；

（4）结构设计合理，安装简便快捷；

（5）表面光洁度和耐磨性能远远高于实木地板；

（6）规格尺寸大、不易变形、不易翘曲、板面具有较好的尺寸稳定性、整体效果好、铺设工艺简捷方便、阻燃、绝缘、隔潮、耐腐蚀等。

2. 实木复合地板的缺点

（1）胶黏剂中含有一定的甲醛，必须严格控制，严禁超标；

（2）结构不对称，生产工艺复杂，成本较高。

第四节　强化木地板

强化木地板一般是由耐磨层、装饰层、芯层、防潮层胶合而成。耐磨层是采用碳化硅覆盖在装饰纸上。芯层也称基材层，多采用高密度纤维板、中密度纤维板或特殊形态的优质刨花板，前两者居多。防潮层也叫底层，其作用是防潮和防止地板变形（图 4–14）。

图 4-14　强化木地板

一、强化木地板的性能

（1）强化木地板的优点：耐磨耗、花色品种多、色彩典雅大方、规格尺寸大、稳定性好、强度高、抗静电、耐污染、耐腐蚀、耐香烟灼烧等。

（2）强化木地板的缺点：强度低、怕水、有甲醛释放等。

二、强化木地板的分类

（1）强化木地板可根据用途、基材、模压形状和甲醛释放量进行分类。其中，按用途强化木地板可分为商用级（表面耐磨≥ 9000 转）、家用 I 级（表面耐磨≥ 6000 转）和家用 II 级（表面耐磨≥ 4000 转）三类（图 4-15）。

图 4-15　强化木地板

（2）强化木地板根据表面涂层可分为：三氧化二铝涂层、三聚氰胺涂层、钢琴漆面等。

标准的强化木地板表面，基本是含有三氧化二铝耐磨纸的。耐磨纸的规格有 46、38、33 克，甚至更低。

三聚氰胺表面涂层的，耐磨转数仅为 300~500 转。虽然这类强化木地板花纹清晰美观，表面光滑平整，但是由于其耐磨转数较低，使用寿命较短。

钢琴漆表面涂层的强化木地板，其耐磨程度远不能与三氧化二铝表面相比。

第五节　竹木地板

竹木地板是依靠精良的机器设备和先进的科学技术以及规范的生产工艺流程，经过一系列的防腐、防蚀、防潮、高压、高温以及胶合、旋磨等近 40 道繁复工序，才能制成的一种新型复合地板（图 4-16）。

图 4-16　竹木地板

一、竹木地板的应用特点

1. 竹木地板的优点

（1）质感特别。作为地面材料，坚实而富弹性，冬暖夏凉，自然高雅，舒适而安全。

（2）装饰性好。色泽丰富，纹理美观，装饰形式多样。

（3）物理性能好。有一定硬度但又具一定弹性，绝热绝缘，隔音防潮，不易老化。

2. 竹木地板的缺点

（1）干缩湿胀性强。处理与使用不当时易产生开裂变形。

（2）适合湿润气候。对日常养护和要求较高。

二、竹木地板的种类

竹木地板有多种分类方法，主要有以下几种：

（1）按层数分：单层地板、双层地板、多层地板。

（2）按外形结构分：条状地板，如长条地板、短条地板；块状拼花地板，如正方形地板、菱形地板、六角形地板、三角形地板。

第六节　软木地板

软木地板是以橡木为原材料，将树木外层进行加工，可以重复利用的纯天然材料。软木地板是绿色环保的装饰材料，是一种优异的减音、降噪材料，保温隔热性能好且脚感舒适自然，特别有益于人类的身体健康。与实木地板相比它更具环保性、隔音性，防潮效果也更优秀（图 4–17）。

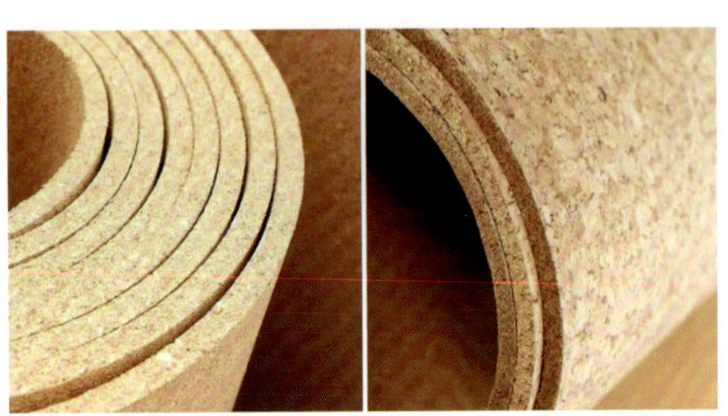

图 4–17　软木地板

一、软木地板的特性

和普通地板相比，软木地板自身有许多特性，深受市场的青睐。

（1）环保。软木地板的原材料主要是树皮。树皮自然生长、自然脱落，属于天然的植物纤维材料，绿色环保，对人是没有危害的。

（2）静音。软木地板内部是多面体的结构，像蜂窝状，有 50% 是空气，人走上去之后感觉柔软。

（3）防滑。实木地板和实木复合地板的防滑系数比较低，而软木地板防滑系数最高，粗糙防滑。

（4）防潮。软木地板的内部结构决定了其具有较强的防潮性。

二、软木地板的分类

（1）按铺装方式分，有悬浮式软木地板和粘贴式软木地板。

（2）按产品结构分，有无任何覆盖层的软木地板、表面作涂装的软木地板和 PVC 贴面的软木地板。

第五章　建筑装饰石材

石材在建筑及室内装饰中的运用历史悠久，尤其是在西方，更是保留了众多优秀的石材建筑。天然石材在当今的室内外装饰装修中仍然是高档选材的主导品类，它经过处理后，色彩天然且丰富，强度、硬度都较高，并且耐磨、耐久，不仅对建筑和室内墙体、地面具有很好的保护作用，还极具装饰效果。

第一节　石材的基础知识

一、石材的种类

自然界中各种各样的矿物组成岩石，石材便来源于岩石。例如，花岗石是由长石、石英、云母及某些暗色矿物组成的岩石，大理石则来自方解石或白云石组成的岩石。岩石按地质形成条件可分为火成岩、沉积岩和变质岩三大类（图 5-1）。

图 5-1　火成岩、沉积岩、变质岩的区别

（一）火成岩

火成岩是由地幔或地壳的岩石经熔融或部分熔融形成岩浆，喷出地表或侵入地壳冷却固结形成的。花岗岩就是火成岩中的一种。

（二）沉积岩

沉积岩是露出地表的各种岩石在外力作用下，经风化、搬运、沉积、成岩四个阶段，在地表及地下不太深的地方形成的岩石。建筑中常用的沉积岩有石灰岩、砂岩等。

（三）变质岩

变质岩是地壳中原有的岩石（包括火成岩、沉积岩和早先生成的变质岩），由于岩浆活动和构造运动的影响，原岩变质（再结晶，使矿物成分、结构等发生改变）而形成的新岩石。建筑中常用的变质岩有大理岩、石英岩和片麻岩等。

二、石材的加工

对于采石场采出的天然石材荒料要进行进一步的加工，一般分为锯切和表面加工两种（图 5-2）。

图 5-2　石材加工

（一）锯切

锯切是将天然石材荒料或大块人造石基料用锯石机锯成板材的作业。

(二)表面加工

锯切的板材表面质量不高，需进行表面加工。表面加工要求有各种形式:粗磨、细磨、抛光、火焰烘毛和凿毛等。研磨工序一般分为粗磨、细磨、半细磨、精磨、抛光等五道工序。

三、石材的选用

石材的主要用途是装修，因石材是天然矿产，所以在色系、质感、施工及材料的取得等方面与其他装修材料相比有着独特的条件。在石材的选用上要从以下几个方面进行考虑。

(一)石材的品质

一般从四个方面来鉴别加工好的成品饰面石材的品质。

(1)观:肉眼观察石材的表面结构。均匀的细料结构的石材为石材之佳品;粗粒及不等粒的结构的石材外观效果较差。

(2)量:量石材的尺寸规格，防止影响拼接或拼接后图案、花纹等变形。

(3)听:听石材的敲击声音。一般来说，质量好的石材敲击声音清脆悦耳;若石材内部存在轻微裂隙或因风化造成颗粒间接触变松，则敲击声音粗哑。

(4)试:用简单的实验方法检验石材的质量好坏。通常在石材的背面滴上一小滴墨水，若墨水很快四处分散浸出，说明石材内部颗粒松动或存有裂隙;反之，若墨水原地不动，则说明石材质量很好。

(二)石材的耐久性

石材的耐久性非常重要，不仅需要保证建筑外观的美观，更需要确保其安全。因此，石材必须承受住各种外力的破坏，如重力、风力、振动、磨损、荷载等，还要能承受各种化学侵蚀，如水化、溶解、酸化、脱水、碳酸盐等。选用时应尽量选择满足以下条件的石材才能达到耐久的要求。

(1)吸水率小。吸水率越大越容易吸附水分和空气中的可溶性成分或盐分，造成石材强度降低。

(2)孔径小、孔隙率低。孔隙率愈高，吸水率愈大，愈容易风化造成强度降低。

(3)密度大。密度大会增加结构体的载重，降低对地震的抵抗。

(4)注意不同方向的结构强度。选用有方向性层理的石材应注意不同方向的结构强度。

(三)石材的安全性

避免石材含有过高的硫化铁、氧化铁、盐分、炭质与黏土等有害物质;避免石材含辐射成分;避免石材内含有过高的热膨胀系数、导热及导电率的矿物成分，以避免裂纹、导热、导电的危险。

(四)预算成本

不同的天然矿石因其开采地、品质、数量的不同，在价格上也会有所不同，因此，在选用时要充分考虑预算成本。

四、石材的环保性能

天然石材的环保性能就是指石材的放射性问题。经检验证明，绝大多数的天然石材中所含放射物质极微，不会对人体造成任何伤害。部分花岗石产品放射性指标超标，会在长期使用过程中对环境造成污染，有必要予以控制。

第二节　常用装饰石材

一、天然大理石

(一)天然大理石基础知识

大理石原指产于云南大理的白色带有黑色花纹的石灰岩，剖面可以形成一幅天然的水墨山水画，古代常选取具有成形的花纹的大理石用来制作画屏或镶嵌画。

天然大理石是由石灰岩或白云岩经过地壳内部高温高压作用形成的变质岩，常是层状结构，有显著的结晶或斑纹条纹，主要成分有方解石、石灰石、白云石等。建筑装饰工程所说的大理石是除大理岩外，泛指具有装饰功能、可磨平抛光的各种碳酸盐类的沉积岩和与其有关的变质岩(图5-3)。

图 5–3　天然汉白玉大理石

（二）天然大理石板的优缺点

优点：天然大理石属于中硬石材，其颜色花色多样，色泽鲜艳，材料致密，抗压性强，吸水率小。这种地面耐磨，耐酸碱，耐腐蚀，不变形，易清洁，并能产生微弱的镜面效果。

缺点：硬度较低，抗风化能力差。

（三）天然大理石板材的分类

天然大理石板材按形状分为普型板（PX）、圆弧板（HM）和异型板（YX）。国际和国内板材的通用厚度为 20mm，也称为厚板。随着石材加工工艺不断改进，厚度较小的板材也应用于装饰工程，常见的有 7mm、8mm、10mm 等，也称为薄板。厚板适用于传统湿作业法和干挂法等施工工艺，但施工复杂，进度较慢；薄板可采用水泥砂浆或专用胶黏剂直接粘贴，便于运输和施工，但不宜幅面过大，以免加工安装过程中破裂。

（四）天然大理石板材的品种规格

1. 天然大理石板材的标准规格（见表 5–1）

表 5–1　天然大理石板材规格　　mm

长	宽	厚	长	宽	厚
300	150	20	600	600	20
300	300	20	900	600	20
400	200	20	1070	750	20
400	400	20	1200	600	20
600	300	20	1200	900	20

2. 国产大理石品种

国产大理石品种有雪花白、丹东绿、水晶白、汉白玉、啡网纹、九龙壁、黑白根、虎皮黄、玛瑙红、广西白、白海棠、松香玉、木纹黄、杭灰、松香黄、米黄玉、金镶玉、贵州米黄、玛瑙、蝴蝶花、杜鹃红、绿宝等，部分品种见图 5–4 和图 5–5。

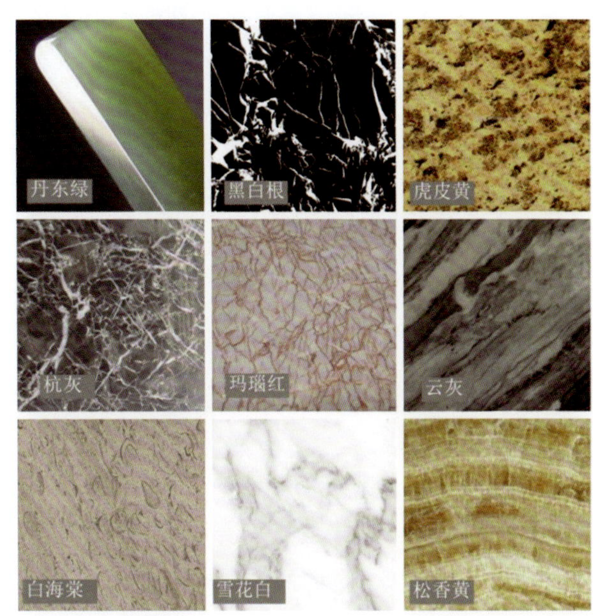

图 5–4　国产大理石

图 5–5　国产大理石

3. 进口大理石品种

进口大理石品种有白洞石、黑金花、西班牙米黄、大花绿、大花白、金线米黄、浅啡网、爵士白、深啡网、金碧辉煌、雪花白、埃及米黄、金花米黄、白沙米黄、旧米黄、雅士白、珊瑚红、卡拉拉白、世纪米黄、啡网、莎安娜米黄、细花白、啡网纹、阿曼米黄、黄洞石、米黄洞石、莎安娜、银线米黄、中花白、西米、龙舌兰、中东米黄、白宫米黄、金年华、黄金海岸、金世纪、奥特曼、白玉兰、卡布奇诺、米黄洞石、白莎米黄、黑木纹、热带雨林、米白洞石、意大利木纹等（图 5-6、图 5-7）。

图 5-6　进口大理石

图 5-7　进口大理石

（五）天然大理石板材的储存

由于天然大理石板材表面光亮、细腻、易受污染和划伤，所以板材应在室内储存，室外储存时应加遮盖。存放时应按品种、规格、等级或工程部位分别码放。直立时应光面相对，倾斜角度不大于 15°，层间加垫隔离，垛高不得超过 1.5m；平放时也应光面相对，地面须平整，垛高不得超过 1.2m。若为包装箱，码放高度不得超过 2m。

（六）天然大理石板材的应用

天然大理石板主要用于宾馆、展览馆、剧院、商场、图书馆、机场、车站等建筑物的室内地面、柱面、墙面、造型面、酒吧台侧立面与台面、服务台立面与台面、电梯间门口等。因大理石耐磨性相对较差，不宜用于人流较多场所的地面，一般只适用于室内。

二、天然花岗石

（一）天然花岗石的基础知识

花岗石是花岗岩的俗称，它属于深成岩，是火成岩中分布最广的岩石，其主要矿物组成为长石、石英和少量的云母。花岗石构造致密、强度高、密度大、吸水率极低、耐磨，属硬石材。

建筑装饰工程上所说的花岗石是以花岗岩为代表的一类装饰石材，泛指各种以石英、长石为主要成分的组成矿物，并含有少量云母和暗色矿物的火成岩和与其有关的变质岩。

（二）花岗石的优缺点

优点：结构致密，抗压强度高；材质坚硬，耐磨性强；孔隙率小，吸水率极低，耐冻性强；装饰性好；化学稳定性好，抗风化能力强；耐腐蚀，耐久性很强。

缺点：自重大，用于房屋建筑与装饰会增加建筑物的质量；硬度大，给开采和加工造成困难；质脆，耐火性差；某些花岗岩含有微量放射性元素，应根据花岗石石材的放射性强度水平确定其应用范围。

（三）天然花岗石板材的分类

按形状分为普型板材（PX）、圆弧板材（HM）和异型板材（YX）。

按其表面平整加工程度可分为亚光板材（YG）、镜面板材（PL）、粗面板材（RU）。

（四）天然花岗石板材的规格与品种

天然花岗石普型板材产品规格与大理石相同，异型板材产品规格由设计或施工部门与生产厂家商定（图 5-8~ 图 5-10）。

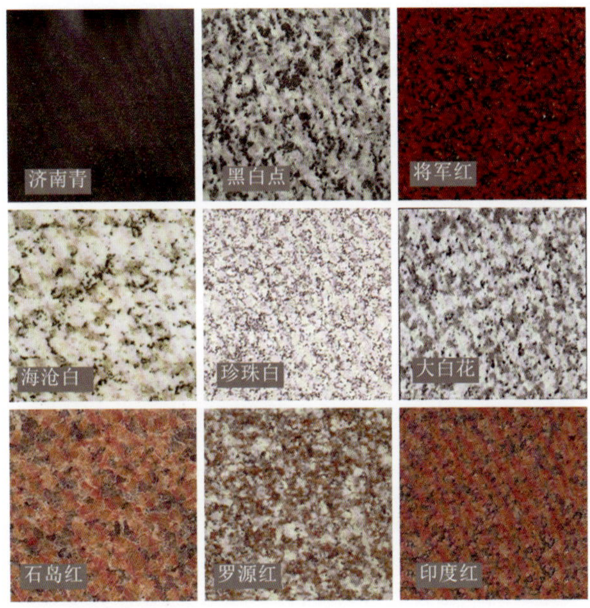

图 5-8 国产、进口花岗石

图 5-9 国产、进口花岗石

图 5-10 国产、进口花岗石

1. 国产花岗岩品种

国产花岗石品种有五莲花、海沧白、山西黑、蒙古黑、珍珠白、石岛红、皇室珍珠、紫晶钻、皇室棕、皇室红棕、粉红玫瑰、菊花黄、枫叶红、天山红、芝麻白、福鼎黑、江西绿、安溪红、丁香紫、九龙璧、珍珠花、樱花红、山东白麻、罗源红、雪花青、翡翠绿、珍珠红、大白花、将军红、芝麻黑、桂林红、霞红、桃花红、齐鲁红、海浪花、森林绿、黑白花、紫罗兰、崂山灰、平度白、文登白、红花、牡丹红、吉林白、济南青、崂山红、惠东红、中国黑、中国绿西丽红、蝴蝶绿、漳浦黑、浪花白、五莲红、冰花兰、丰镇黑、鲁灰、寿宁红、中国红、冰花蓝、天山蓝宝、粉红麻、河北黑、万年青、紫罗红、金麻、蝴蝶蓝、虎皮白、夜玫瑰、虎皮红、墨玉、孔雀绿、新疆红、中国棕、翡翠绿、芝麻灰、蓝钻、丹东绿、霸王花、映山红、山东锈石、黄锈石、燕山绿、金钻、揭阳红、水晶绿、水晶石、蓝宝、菊花绿、灰麻、高粱红、冰花、黄石、黑珍珠、石英、粉砂岩、海洋绿、石榴红、晶白玉、天宝红、木纹绿、幻彩麻、冰花绿、天青石、卡麦金麻、蒙山花、绿钻、黑白点等。

2. 进口花岗岩品种

进口花岗石品种有皇室啡、啡钻、英国棕、红钻、金钻麻、黄金钻、黑金砂、印度红、蓝珍珠、绿星、幻彩红、美国白麻、美国灰麻、豹皮花、金彩麻、墨绿麻、白玫瑰、金沙黑、宝金石、幻彩绿、绿蝴蝶、南非红等。

(五)天然花岗石板材的储存

天然花岗石板材材质坚硬、耐腐蚀、抗污染，储存时仍应注意保护板面，严禁搬运时滚碾、碰撞，尽可能在室内储存，室外要加以遮盖。堆码要求与天然大理石基本相同，可参见前述具体要求。

(六)天然花岗石板材的应用

天然花岗石属于高级建筑装饰材料，主要应用于大型公共建筑或装饰等级要求较高的室内外装饰工程。粗面和细面板材常用于室外地面、墙面、柱面、勒脚、基座、台阶；镜面板材主要用于室内外地面、墙面、柱面、台面、台阶等，特别适宜用作大型公共建筑大厅的地面。

三、人造饰面石材

人造饰面石材是采用无机或有机胶凝材料作为胶黏剂，以天然砂、碎石、石粉或工业渣等为粗、细填充料，经成型、固化、表面处理而成的一种人造材料。人造饰面石材质量轻、强度大、耐腐蚀、耐污染、装饰性好、便于施工、价格低，是现代建筑的理想装饰材料，得到了广泛的应用。

(一)石英人造石

石英人造石，也叫“赛利石”，是一种由 80% 以上的石英晶体加上树脂及其他微量元素，通过特殊的机器在一定的物理、化学条件下压制而成的新型石材(图 5-11)。

图 5-11 石英人造石

1. 石英人造石的性能

(1)表面持久亮丽。结构紧密、无微孔、不吸水、抗污性极强，经过精密的抛光处理，产品表面极易清洁打理，可保持持久光泽，亮丽如新。

(2)刮不花。产品表面硬度高于一般铁器，可以在台面上放置任何家用物品。

(3)耐脏污。石英人造石台面具有高水平的无微孔结构，吸水率仅为 0.03%，没有渗透现象。

(4)抗灼伤。石英人造石表面有相当高的抗灼伤能力，是除不锈钢以外抗温性最好的材料。

(5)抗老化、不褪色。常温下看不到该材料的老化现象；不在强日光下进行常年的照射，色彩没有过大的变化。

(6)无毒无辐射。石英人造石属于无毒卫生材料。

2. 石英人造石的应用

石英人造石的主要材料是石英，可以广泛应用于酒店、餐厅、银行、医院、展览、实验室以及家庭的墙面、地面和台面等，是一种可重复利用的环保、绿色新型建筑室内装饰材料。

(二)亚克力人造石

亚克力人造石作为橱柜市场的主要台面用材，加工造型美观，主要是可以做弧形后挡水和绝对的无缝拼接，以及其他异型加工，这些都是石英人造石所无法做到的；另外，亚克力人造石相对于石英人造石韧性更好，尤其纯亚克力最优(图 5-12)。

图 5-12 亚克力人造石

亚克力人造石的性能：

（1）优点：拼接无缝，韧性较好，造型多变，颜色多样，色彩柔和，出现问题易于修复。长时间使用后，重新打磨又可光亮如新。

（2）缺点：硬度差于石英人造石，承重变形度和抗硬物划伤性能略逊色于石英人造石。复合亚克力耐高温到 90℃左右，纯亚克力耐高温为 120℃。但不可长时间接触过热物体。

（三）水磨石

水磨石是将碎石拌入水泥制成混凝土后表面磨光的制品。常用来制作地砖、台面、水槽等制品（图 5–13）。

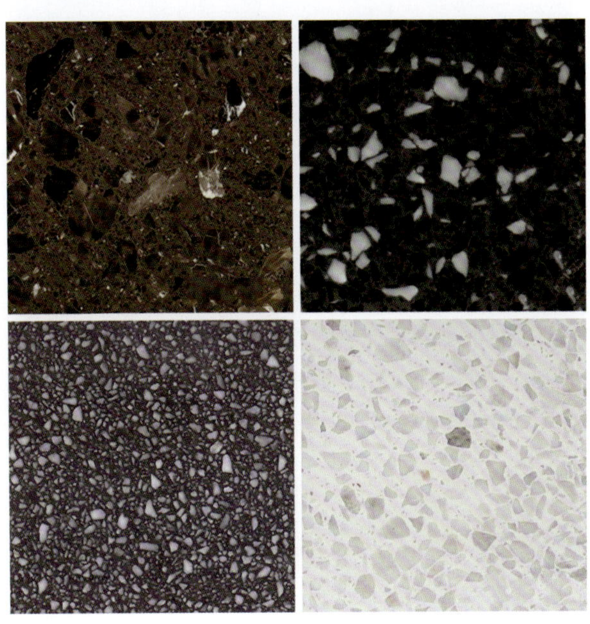

图 5–13　水磨石

1. 水磨石的性能

（1）高档水磨石表光处理后高亮亮度达到 70 以上，防尘、防滑能达到大理石的品质；

（2）表面硬度达到 6~8 级；

（3）可随意拼接花色、颜色；

（4）不开裂，不怕重车碾轧，不怕重物拖拉，不收缩变形；

（5）不起尘，洁净度高；

（6）不燃，不发火，耐老化，耐污损，耐腐蚀，无异味，无任何污染；

（7）色泽艳丽光洁，若需提高光亮可打普通地板蜡；

（8）装饰分格条横平竖直，分格条间无需间隙，连接密实，整体美观性好。

2. 水磨石的应用

水磨石地面是一种以水泥为主要原材料的复合地面材料，低廉的造价和良好的使用性能使其在超大面积公共建筑里被广泛地采用。

第六章　建筑装饰陶瓷

在建筑装饰工程中，陶瓷是最古老的装饰材料之一。建筑装饰陶瓷泛指用于建筑装饰工程的较高级的烧土制品，其主要品种有陶瓷砖、洁具和陶瓷壁画等。随着现代科学技术的发展，陶瓷在花色、品种、性能等方面都有了巨大的变化，为现代建筑装饰装修工程带来了越来越多兼具实用性和装饰性的材料。

第一节　陶瓷的基础知识

一、陶瓷的概念与分类

陶瓷，即陶器和瓷器的通称，是以黏土为主要原料，经烧制而成的材料。其强度高、耐火、耐水、耐酸碱、耐腐蚀、耐磨、易于清洗、易于加工，因其色彩丰富，被广泛应用于建筑装饰工程中。

（一）陶器

陶瓷分为陶器与瓷器两大类。陶器为多孔结构，烧结程度较低，有较大的吸水率，断面粗糙无光，不透明。陶器又可以分为粗陶和细陶。粗陶一般不施釉，建筑上常用的烧结黏土砖、瓦均为粗陶制品（图 6–1）。细陶一般要经素烧、施釉和釉烧工艺，根据施釉状况呈白、乳白、浅绿等颜色。建筑上用的釉面砖即为此类（6–2）。

图 6–1　陶土砖

图 6–2　卫生间装饰内墙面砖

（二）瓷器

瓷器是一种由瓷石、高岭土等组成，外表施有釉或彩绘的器物。瓷器的成形要在窑内经过高温（约 1280~1400℃）烧制，瓷器表面的釉色会因为温度的不同而发生各种变化。

二、陶瓷的表面装饰

陶瓷表面粗糙，易沾污，装饰效果差，大多数陶瓷制品都要表面装饰加工。上釉和彩饰是陶瓷表面装饰的主要方式。

（一）釉

釉是覆盖在陶瓷坯体表面的玻璃质薄层，是由高质量的石英、长石、高岭土等为主要原料制成的浆体，可以改善坯体的表面性能并提高机械强度，使陶瓷制品表面平滑、光亮、不吸水、不透气、抗腐蚀、耐风化、易清洗，提升产品的艺术性（图 6–3）。

（二）彩绘

在陶瓷制品表面用彩料绘制图案花纹是陶瓷的传统装饰方法。

图 6-3 施釉墙砖

1. 釉下彩绘

在陶瓷坯体或素烧釉坯表面进行彩绘，然后覆盖一层透明釉，经烧制而成的即为釉下彩。彩料受到表面透明釉层的隔离保护，使彩绘图案不会磨损。

2. 釉上彩绘

釉上彩绘是在烧好的陶瓷釉上用低温彩料绘制图案花纹，然后在较低温度下（600~900℃）二次烧成的。釉上彩绘生产效率高，成本低廉。釉上彩易磨损，光滑性差。

3. 贵金属装饰

贵金属装饰是用金、银、铂或钯等贵金属装饰在陶瓷表面釉上，装饰方便美观又节约，表面涂一层磨光金彩料，烧制后抛光，腐蚀面无光，未腐蚀面光亮，形成亮暗不一的金色图案花纹（图 6-4）。

图 6-4 贵金属装饰马赛克

第二节 常用建筑装饰瓷砖

建筑装饰陶瓷主要是陶瓷砖类。常见的建筑装饰陶瓷砖按用途分为地砖和墙砖两大类。墙砖又可以分为内墙砖、外墙砖。

一、地砖

（一）陶土砖

陶土砖也称烧结砖，是建筑用的人造小型块材，黏土砖以黏土（包括页岩、煤矸石等粉料）为主要原料，经泥料处理、成型、干燥和焙烧而成，有实心和空心的分别。

（二）有釉地砖

有釉地砖又称有彩釉砖、仿古砖、防滑砖等。该产品吸水率一般为 0.5%~10%，强度一般低于瓷质抛光砖。该产品表面上釉，坯体为深红色或浅灰色，也有灰白色的，表面有平整的、凹凸不平的和大晶粒的三种。其常见规格有（单位：mm）：200×200、300×300、400×400、500×500、600×600。

该产品色彩非常丰富，加以哑光、无光以及凹凸不平的表面处理，可以制造出仿天然石材和古色古香的艺术效果。该大类产品由于表面上釉，其耐污染性很好，一般不会出现渗透性污染，近年来推出的瓷质仿古砖产品和炻瓷质仿古砖产品采用了表面有大量晶粒的硬质釉面，耐磨性已大大提高。由于使用了凹凸无光表面，防滑性能也得到了大幅度提高（图 6-5）。

图 6-5 有釉地砖

(三)抛光砖

抛光砖又名完全玻化砖、玻化石等，是目前陶瓷砖行业产量最大、产值最高的产品。该产品是高温瓷化后的产品经磨边、抛光而制成的吸水率不超过 0.5% 的陶瓷砖产品。具有坚硬耐磨、抗冻防污、耐酸碱、光亮华丽、经久如新的特点。装饰效果可与花岗岩相媲美（图 6–6）。

图 6–6 灰色全抛光砖

该产品规格现有（单位：mm）：200×200、300×300、400×400、500×500、600×600、800×800、1000×1000、1200×1200、600×1200、600×900、1200×1800。600mm×600mm 和 800mm×800mm 常用于居室空间设计地面，大尺寸瓷质抛光砖常用外墙干挂的施工。该产品的品种一般有无釉抛光砖、花岗石抛光砖、幻彩抛光砖、渗花抛光砖等（图 6–7）。

图 6–7 瓷质抛光砖

(四)玻化砖

玻化砖是一种强化的抛光砖，它采用高温烧制而成，质地比抛光砖更硬更耐磨。毫无疑问，它的价格也同样更高。玻化砖其实就是全瓷砖。其表面光洁但又不需要抛光，所以不存在抛光气孔的问题（图 6–8）。

玻化砖主要是用于室内地砖铺设。

图 6–8 玻化砖

(五)微晶玻璃

微晶玻璃也称玻璃陶瓷、陶瓷玻璃等。微晶玻璃有两种，通体微晶玻璃和微晶玻璃复合板。通体微晶玻璃上下均匀一致，均为微晶玻璃，由于在整个厚度上均使用昂贵的微晶玻璃熔块，该类产品售价较高。微晶玻璃复合板下层为陶瓷质基体，上层为 3~5mm 的微晶玻璃，为在烧制好的瓷质砖上撒上一层微晶玻璃熔块，抛光后制成，该类产品既保持了通体微晶玻璃较好的装饰效果，又使加工成本大大降低。微晶玻璃产品可随意切割为客户要求的规格，其光泽度高于瓷质砖，一般为 90° 以上，吸水率很低，一般为 0.08% 以下，耐污染性好，色泽如玉，花纹立体感很强，非常美观。但其表面硬度较小，耐磨性差，比较脆，如果地面铺贴，不适于人流量大、易发生冲击撞击的场所（图 6–9）。

(六)广场砖

广场砖也叫广场铺石、仿石砖。该产品吸水率一般在 0.5% 以下，也有少数超过 0.5%，破坏强度很高，可以承担较大的负荷。广场砖一般不上釉，或上一层薄薄的覆盖层，表面为起伏较大的凹凸面。边长一般不超过200mm，厚度不小于12mm。常见规格有（单位：mm）：95×95、152×152、100×100、200×20，也有为了圆形的或弧形的装饰效果而生产的梯形和楔形的产品。该产品主要优点是强度高，耐磨性非常好，防滑。鉴于此优点，该产品一般被用于广场和人行道等公共场所。该产品铺贴时会留出大量的很宽的灰缝，表面污物不易用家庭常用拖布等清理，不适用于室内装修（图6-10）。

图6-9 微晶玻璃

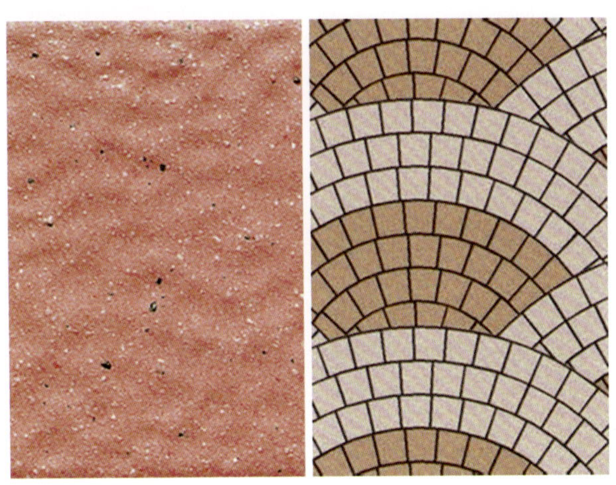

图6-10 广场砖

（七）马赛克

马赛克的体积是各种瓷砖中最小的，一般俗称块砖。马赛克给人一种怀旧的感觉，是重要的装饰墙地面的材料。马赛克的组合变化非常丰富，比如在一个平面上，可以有多种表现方法：抽象的图案、同色系深浅跳跃或过渡等。对于房间曲面或转角处，玻璃马赛克更能发挥它小身材的特长，能够把弧面包盖得平滑完整。

二、墙砖

（一）内墙砖

内墙砖也叫瓷片、釉面砖。釉面装饰效果丰富多彩，哑光釉面、无光釉面、堆釉、三度烧、金属釉面的出现，结合大规格切边釉面砖的出现，使得内墙砖的装饰效果达到了一个前所未有的高度。

内墙砖产品常见规格有（单位：mm）：200×200、200×300、250×330、300×450、300×600，大于300×450的产品常采用切边工艺，四周无釉面熔融后产生的圆角，非常齐整，铺贴后整墙的镜面效果非常明显。为了给该类产品配套，市场上也出现了造型别致的花砖和腰线，这些产品与内墙砖产品配套使用时，可起到画龙点睛的效果。该类产品表面硬度小，强度低，吸水率大，摩擦系数小，不能在地面使用。在铺贴时，由于内墙砖吸湿膨胀率大，应注意留出足够的灰缝（图6-11）。

图6-11 内墙砖

（二）外墙砖

外墙砖分为上釉外墙砖和通体外墙砖，上釉外墙砖表面施釉；通体外墙砖表面无釉且凹凸不平。近年来的外墙砖瓷化程度很高，表面起伏更加突出，装饰效果像凿出的岩石，具有淳朴、天真、自然的装饰效果。铺贴于外墙的砖，由于暴露在严酷的自然环境下，应当考虑足够的环境适应性，如北方应当考虑到抗冻性，有酸雨的地方应当考虑到耐酸性，耐污染，雨水可以冲刷掉表面污物的特性也非常重要。外墙砖强度低，不建议在地面使用（图 6–12）。

图 6–12　外墙砖

第七章　建筑装饰玻璃

第一节　玻璃的基础知识

玻璃是现代室内装饰的主要材料之一。随着现代建筑发展的需要和玻璃制作技术的飞跃进步，玻璃正在向多品种、多功能方向发展。例如，其制品由过去单纯的采光和装饰功能，逐渐向着控制光线、调节热量、节约能源、控制噪声、降低建筑自重、改善建筑环境、提高建筑艺术等多种功能发展。近几年，具有高度装饰性和多种适用性的玻璃新品种不断出现，为室内装饰装修提供了更大的选择性（图 7–1）。

图 7–1　玻璃的装饰效果

一、玻璃的概念

玻璃是较为透明的固体物质，是一种在熔融时形成连续网络结构，冷却过程中黏度逐渐增大并硬化而不结晶的硅酸盐类非金属材料。玻璃广泛应用于建筑物门窗及玻璃幕墙装饰，主要功能是通风、透光。

二、玻璃的基本性质

（一）光学性质

1. 反射能力

反射能力表示物体反射光线的能力。例如，反射能力强的是高反光率景物，如白雪反光率为 98%；反射能力弱的是低反光率景物，如炭黑的反光率是 2%。玻璃的反射系数的大小决定于反射面的光滑程度、折射率及投射光线入射角的大小。例如，普通 5mm 无色玻璃（含车玻）的可见光反射率在 8%~10%。85%~86% 透过，8%~10% 反射，5%~7% 吸收。减反射玻璃可以将光的反射率由 8% 降低到 1% 以下，同时使得 90% 以上的光线可以穿透，极大地减少了玻璃的反光，并且还提高了玻璃的透视效果。

2. 吸收和透过能力

玻璃对光线的吸收能力随着玻璃的化学组成不同和颜色变化而不同。无色玻璃可透过各种颜色的光线，但吸收红外线和紫外线；各种不同颜色的玻璃能透过同色光线而吸收其他颜色的光线；石英玻璃和硼磷玻璃能透过紫外线；锑、钾玻璃能透过红外线（图 7–2）。

图 7–2　玻璃的吸收和透光能力

3. 折射能力

玻璃的折射能力随着化学组成的不同而变化，其折射率随温度上升而增加。光线通过玻璃时，由于各种组成成分折射率的不同，会发生漫射，这种现象称为色散。严重影响着光学用玻璃的质量（图 7-3）。

图 7-3 玻璃的折射能力

（二）化学性质

一般的建筑玻璃具有较高的化学稳定性，在通常情况下，对酸、碱、盐以及化学试剂或气体等具有较强的抵抗能力，能抵抗氢氟酸以外的各种酸类的侵蚀。但是长期遭受侵蚀介质的腐蚀，也会导致变质和破坏。如玻璃的风化、发霉都会导致玻璃外观的破坏和透光能力的降低。

（三）力学性质

玻璃的抗冲击性很小，是典型的脆性材料。脆性是玻璃的主要缺点，玻璃在冲击力作用下极易发生破碎。玻璃具有较高的硬度，玻璃的硬度也因其工艺、结构不同而不同。

第二节 常用装饰玻璃

装饰玻璃主要在平板玻璃的基础上，为了得到某种视觉效果而进行二次装饰加工的玻璃材料，给空间带来空灵与通透，具有功能性与装饰性双重性质，在室内空间的设计中发挥着重要的作用。

一、平板玻璃

平板玻璃是指未经其他加工的平板状玻璃制品，也称白片玻璃或净片玻璃。平板玻璃主要物理性能指标：折射率约 1.52；透光度 85% 以上。

（一）平板玻璃的性能

（1）透光性能好。一般 3mm 和 5mm 厚的无色透明平板玻璃的可见光透射比分别为 88% 和 86%。

（2）紫外线的透过率较低。无色透明平板玻璃对太阳光中紫外线的透过率较低。

（3）隔声和一定的保温性能。

（4）热稳性较差，急冷急热，易发生爆裂。

（二）平板玻璃的应用

平板玻璃是建筑玻璃中使用最多、产量最大的一个品种，一般用于民用建筑、商店、具有一定隔声和保温要求的饭店、办公大楼、机场、车站等建筑物的门窗、橱窗及制镜等，也可用于加工制造钢化、夹层等安全玻璃（图 7-4）。

图 7-4 平板玻璃

平板玻璃还可以通过着色、表面处理、复合等工艺制成具有不同色彩和各种特殊性能的制品，如吸热玻璃、热反射玻璃、中空玻璃、钢化玻璃、夹层玻璃、夹丝网玻璃等。

二、彩色玻璃

彩色玻璃又称有色玻璃或颜色玻璃。分透明、半透明和不透明三种。其颜色比较丰富，有蓝色、绿色、黄色、棕色和红色等。还具有良好的装饰性，而且还具有耐腐蚀、易清洁的特点。在建筑装饰中，彩色玻璃主要用于建筑物的门窗、内外墙面上和对光线有色彩要求的建筑部位。图 7–5 是美国的“炽焰燎原”博物馆彩色玻璃饰面。

图 7–5　彩色玻璃

三、压花玻璃

压花玻璃又称花纹玻璃，是采用压延方法制造的一种平板玻璃。主要应用于室内隔断、门窗玻璃、卫浴间玻璃隔断等。玻璃上的花纹和图案漂亮精美，看上去像压制在玻璃表面的，装饰效果较好。

压花玻璃的性能基本与普通透明平板玻璃相同，仅在光学上具有透光不透明的特点，可使光线柔和，并具有隐私的屏护作用和一定的装饰效果。适用于办公室、会客厅、会议室、餐厅、酒吧、浴室、卫生间等的门窗、隔断及屏风等场所，以及各类建筑门厅的艺术装饰（图 7–6）。

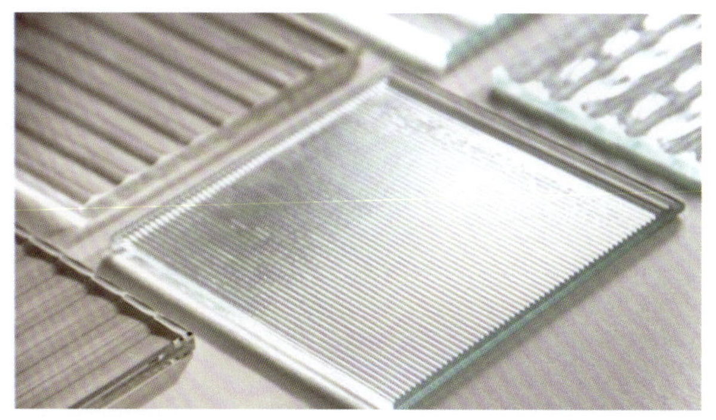

图 7–6　压花玻璃

四、磨砂玻璃

磨砂玻璃又称毛玻璃、暗玻璃。因表面粗糙，使光线产生漫射，具有不透光不透视等特点，能起到私密保护的作用，同时使室内光线柔和不刺眼。主要用于建筑物的卫生间、浴室、办公室等门窗隔断、灯罩、衣橱、书柜等家具用品的推拉门，也可以用于制作花瓶、酒瓶、酒杯、茶杯等用品（图 7–7）。

图 7–7　磨砂玻璃

五、刻花玻璃

刻花玻璃也称为雕花玻璃，所雕花图案透光不透明，有明显的立体层次感，装饰效果优雅。主要用于商场、宾馆、酒楼等商业性场所和娱乐性场所，随着人们艺术欣赏品位的提高，刻花玻璃也越来越多地出现在家庭装饰门窗中（图 7–8）。

图 7–8 刻花玻璃

六、冰花玻璃

冰花玻璃是一种利用平板玻璃经特殊处理形成具不自然冰花纹理的玻璃。冰花玻璃对通过的光线有漫射作用，如用作门窗玻璃，犹如蒙上一层纱帘，看不清室内的景物，却有着良好的透光性能，具有良好的装饰效果。冰花玻璃立体感强，花纹清新自然，质感柔和，透光不透明，装饰效果比压花玻璃更好，是一种新型的室内装饰玻璃，可用于宾馆、酒楼、饭店、酒吧厅、娱乐场等场所的门面、隔断、屏风等，还可以用作灯具、工艺品的装饰（图 7–9）。

图 7–9 冰花玻璃

七、钢化玻璃

钢化玻璃是将玻璃加热到接近玻璃软化点的温度以迅速冷却或用化学方法钢化处理所得的玻璃深加工制品。其制品有平面钢化玻璃、曲面钢化玻璃、半钢化玻璃和全钢化玻璃等。平面钢化玻璃主要用作建筑物的门窗、隔墙、幕墙、地面及橱窗、家具等；曲面钢化玻璃主要用作汽车、火车、船舶、飞机、展柜等；全钢化玻璃用于高层建筑幕墙、室内玻璃隔断、电梯扶手、栏杆等（图 7–10）；半钢化玻璃主要用于暖房、温室、隔墙、玻璃幕墙等地方。

图 7–10 钢化玻璃

（一）钢化玻璃的缺点

（1）钢化后的玻璃不能再进行切割和加工。如果要用钢化玻璃，只能在钢化前就把玻璃加工至需要的形状，再进行钢化处理。

（2）钢化玻璃强度虽然比普通玻璃强，但是钢化玻璃有自爆（自己破裂）的可能性，而普通玻璃不会自爆。

（3）钢化玻璃的表面会存在凹凸不平的现象（风斑），厚度会轻微变薄。变薄的原因是玻璃在热熔软化后，经过强风力快速冷却，玻璃内部晶体间隙变小，压力变大。所以玻璃在钢化后要比在钢化前薄。一般情况下 4~6mm 玻璃在钢化后厚度减少 0.2~0.8mm，8~20mm 玻璃在钢化后厚度减少 0.9~1.8mm。钢化玻璃不能做镜面。

（4）通过钢化炉（物理）钢化后的建筑用的平板玻璃，一般都会有变形，变形程度由设备与技术工艺决定，会在一定程度上影响装饰效果（图 7–11）。

图 7–11 半钢化玻璃在温室的应用

（二）钢化玻璃的优点

（1）安全性：当玻璃受外力破坏时，碎片会成类似蜂窝状的钝角碎小颗粒，不易对人体造成严重的伤害。

（2）高强度：同等厚度的钢化玻璃抗冲击强度是普通玻璃的 3~5 倍，抗弯强度是普通玻璃的 3~5 倍。

（3）热稳定性：钢化玻璃具有良好的热稳定性，能承受的温差是普通玻璃的 3 倍，可承受 300℃的温差。

八、夹丝玻璃

夹丝玻璃也称防碎玻璃或钢丝玻璃，表面可以是压花或磨光的，颜色可以制成无色透明或彩色的。夹丝玻璃的特点是安全性和防火性好。夹丝玻璃由于钢丝网的骨架作用，不仅提高了玻璃的强度，而且当受到冲击或温度骤变而破坏时，碎片也不会飞散，避免了碎片对人的伤害。在出现火情时，夹丝玻璃受热炸裂，由于金属丝网的作用，玻璃仍能保持固定，隔绝火焰，故又称为防火玻璃。

可以应用于建筑空间造型上或者走廊、防火门、楼梯、工业厂房天窗及各种采光屋顶等（图 7–12）。

图 7–12 夹丝玻璃

九、夹层玻璃

夹层玻璃也称夹胶玻璃，是由两片或多片平板玻璃之间嵌夹透明塑料薄片，经加热、加压，黏合而成的平面或弯曲的复合玻璃制品。其安全性好，经过一定处理的夹层玻璃不易破裂，具有耐震、防盗、防爆甚至防弹的功能。夹层玻璃主要用于建筑物的门窗、隔墙、吊顶、天窗、幕墙、地面等，也可用作家具制作，尤其适用于有特殊安全要求的建筑如银行、珠宝行、商行等，同时也广泛用于汽车、飞机、船舶等的挡风玻璃（图 7–13、图 7–14）。

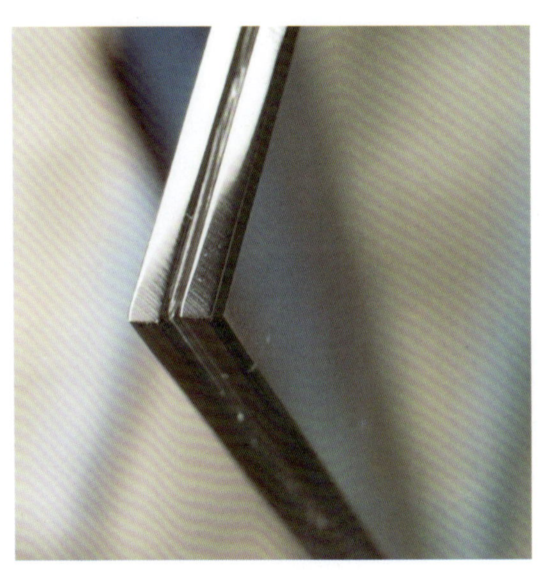

图 7–13 夹层玻璃

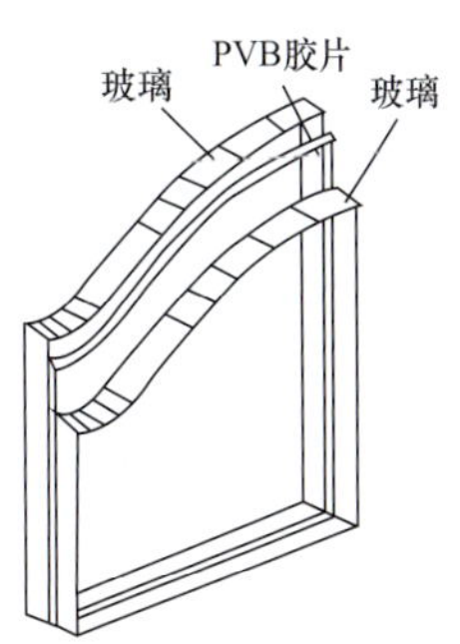

图 7–14 夹层玻璃结构图

十、防弹玻璃

防弹玻璃是通过对夹层玻璃的制作工艺流程进行改进而生产出的一类具有防弹、防爆等特性的安全玻璃。防弹玻璃实际上就是夹层玻璃的一种，只是构成的玻璃多采用强度较高的钢化玻璃，而且夹层的数量也相对较多，多用于银行或者豪宅等对安全要求非常高的装修工程之中。

十一、玻璃马赛克

玻璃马赛克是一种小规格的用于外墙贴面的方形彩色饰面玻璃。一般规格为 20mm×20mm、30mm×30mm、40mm×40mm。厚度为 4~6mm。玻璃马赛克属于各种颜色的小块玻璃质镶嵌材料，体积小、质量轻、黏结牢固，色泽绚丽多彩，可以拼装成各种图案。

玻璃马赛克由天然矿物质和玻璃粉制成，是最安全的建材，也是杰出的环保材料。玻璃马赛克主要适用于住宅卫生间、浴室、公共游泳场等场所，也可用于制作壁画、装饰拼贴画，有时也用于宾馆、医院、办公楼、礼堂、住宅等建筑的外墙装饰。

十二、微晶玻璃

微晶玻璃是通过基础玻璃在加热过程中进行控制晶化而制得的一种含有大量微晶体的多晶固体材料（图 7–15）。微晶玻璃在原料中加入不同的无机着色剂，可生产出色调均匀一致或色彩斑斓的产品。而且经抛光的板材表面具有仿天然石材的花纹或彩色纹路，以及类似玻璃般晶莹剔透、璀璨发亮的视觉效果。

图 7–15　玻璃马赛克

微晶玻璃装饰板集中了玻璃、陶瓷及天然石材的三重优点，其质量优于天然石材和陶瓷。主要作为高级建筑装饰新材料替代天然石材，北京的奥运建筑和上海世博会建筑都采用了微晶玻璃装饰板材进行装饰。对于家庭装修而言，也可以考虑采用微晶玻璃装饰板来代替天然大理石和花岗石。

十三、玻璃砖

玻璃砖是指用箱或模具压制成的两块凹形玻璃，经熔接或胶接成整体，并带有密封空腔的块状玻璃制品，其空腔内充满干燥空气，侧面可涂彩釉或彩色涂层。玻璃砖具有耐压、抗冲击、防火防爆、耐酸，隔声、隔热、透明度高和装饰性好等特点。玻璃砖可分为实心砖和空心砖两种。玻璃砖并不作为饰面材料使用，而是作为墙体、屏风、隔断等类似功能使用。一般用来建造透光隔墙、浴室隔断、楼梯间、门厅、通道等，特别适用于高级建筑、体育馆、图书馆等用于控制透光、眩光和日光的场合（图 7–16）。

图 7–16　玻璃砖

（一）空心玻璃砖

空心玻璃砖是一种隔音、隔热、防水、节能、透光良好的非承重装饰材料，由两块半坯在高温下熔接而成，可依玻璃砖的尺寸、大小、花样、颜色来做不同的设计表。

（二）实心玻璃砖

实心玻璃砖由两块中间圆形凹陷的玻璃体粘接而成，这种砖质量比较重，一般只能粘贴在墙面上或依附其他加强的框架结构才能使用，只能作为室内装饰墙体而使用，所以用量相对较小。

十四、单向透视玻璃

单向透视玻璃在使用时反射面（镜面）必须是迎光面或朝向室外一侧。当室外比室内明亮时，单向透视玻璃与普通镜子相似，室外看不到室内的景物，但室内可以看清室外的景物。而当室外比室内昏暗时，室外可看到室内的景物，且室内也能看到室外的景物，其清晰程度取决于室外照度的强弱。

单向透视玻璃主要适用于隐蔽性观察窗、孔等。该产品可用在公安局、看守所、派出所、监狱、法院、检察院、卡拉 OK、办公室、幼儿园等场所。

十五、AG 玻璃

AG 玻璃是经过特殊的化学工艺处理制成，其特点是使原玻璃反光表面变为哑光漫反射表面。可使反光影像模糊，防止眩光以外还使反光度下降，减少光影。防眩产品表面防腐、防划伤性能强。结合视频成像屏幕可以构成透明防眩光、防反射屏幕，解决电子视屏、影像屏幕在环境光源下产生反光、眩光问题，提高图像画面质量。此一效果在大视角下不变。防眩玻璃，可以降低环境光的干扰，提高显示画面的可视角度和亮度，减少屏幕反光，让图像更清晰，色彩更艳丽，颜色更饱和，从而显著改善显示效果。

十六、AR 玻璃

AR 玻璃也称润眼玻璃，这种产品的生产原理是利用国际上最先进的磁控溅射镀膜技术在普通的强化玻璃表面镀上一层减反射膜，有效地消减了玻璃本身的反射，增加了玻璃的透过率，使原先透过玻璃的色彩更鲜艳，更真实。AR 膜是一种表面光学镀层，它通过减少光的反射从而增加光的透过率。它可以通过减少系统中的散射光来提高对比度，例如望远镜，这对天文学十分重要。很多涂层都包括折射率不同的透明的薄膜结构，薄膜的厚度决定了其作用的反射光波长。

第八章　建筑装饰石膏板

石膏是人类最早使用的人工材料之一。用来黏结石材等块材，也可制成一些制品使用。石膏装饰的艺术，在视觉上给人以温文尔雅、朴实无华的感觉，而且价格低廉、可塑性好。因此，受到了广大人民的认同和喜爱，成为重要的建筑装饰材料（图 8–1）。

图 8–1　石膏

第一节　石膏的基础知识

一、石膏的概念

石膏是以硫酸钙为主要成分的建筑装饰材料。石膏的种类很多，主要有建筑石膏、高强度石膏、无水石膏等，其中建筑石膏及制品在建筑装饰工程中应用最为广泛。

石膏加热至 128℃，失去大部分结晶水，变成熟石膏。熟石膏粉末与水混合后有可塑性，但不久就硬化重新变成石膏。此过程放出大量热并膨胀，因此可用于铸造模型和雕塑。

二、石膏的主要用途

（一）在建筑及建材工业中的应用

石膏建筑制品，包括轻质墙体材料石膏板、石膏墙体物件。特点是质轻、抗震、导热率低、不燃、隔音、吸湿、收缩率低，可钉可锯等（图 8–2）。

图 8–2　装饰石膏板吊顶

（二）在水泥工业中的应用

作硅酸盐水泥缓凝剂：在水泥熟料中加入适量石膏能解除水泥快凝，提高水泥强度，使水泥制品在空气中的干缩率下降 30%~50%，提高水泥的抗冻性、抗化学性和安定性。

三、石膏装饰材料的特点

石膏具有许多优越的建筑使用性能，如其颜色洁白，掺加各种颜料后可呈现各种色彩，可用来涂刷墙面，装饰效果好；也可制成各种图案的装饰花纹，用于室内顶棚装饰（图 8–3）。石膏加水制作石膏制品时会略微膨胀，这样可使石膏制品表面光滑细致而不出现裂缝。

图 8–3 装饰石膏板吊顶

第二节 常用的建筑装饰石膏板

建筑装饰石膏板是以建筑石膏为主要原料而制成。具有质轻、保温、防火、吸声、形体饱满、线条清晰、表面光滑细腻、装饰性能好、可锯可弯等特点，是建筑装饰工程中常用的材料（图 8–4）。

图 8–4 纸面石膏板

一、石膏板特点

（1）轻质。用纸面石膏板作隔墙，重量仅为同等厚度砖墙的 1/15，砌块墙体的 1/10，有利于结构抗震，并可有效减少基础及结构主体造价。

（2）保温隔热。由于石膏板的多孔结构，与灰砂砖砌块相比，其隔热性能具有显著的优势。

（3）防火性能好。由于石膏芯本身不燃，且遇火时在释放化合水的过程中会吸收大量的热，延迟周围环境温度的升高，因此，纸面石膏板具有良好的防火阻燃性能。

（4）隔音性能好。纸面石膏板隔墙具有独特的空腔结构，大大提高了系统的隔音性能。

（5）装饰功能好。纸面石膏板表面平整，板与板之间通过接缝处理形成无缝表面，表面可直接进行装饰（图 8–5）。

图 8–5 石膏板装饰造型

（6）便于施工性。仅需裁纸刀便可随意对纸面石膏板进行裁切，施工非常方便，用它做装饰，可以摆脱传统的湿法作业，极大地提高施工效率。

（7）绿色环保。纸面石膏板采用天然石膏及纸面作为原材料，硅酸钙类板材及水泥纤维板均采用石棉作为板材的增强材料。

二、常用的石膏板

（一）普通纸面石膏板

普通纸面石膏板是以建筑装饰石膏为主要原料，掺入少量纤维和外加剂构成芯材，如填充剂、发泡剂、缓凝剂，加入水搅拌、浇注、辊压，两面纸面做护面。

1. 普通纸面石膏板的特点

普通纸面石膏板具有质轻、防火、可调节室内温度等优点，但抗压强度低，不能用于承重结构，大多用于吊顶装饰材料。

2. 普通纸面石膏板的规格

普通纸面石膏板宽度为 900、1200mm；长度为 1800、2100、2400、2700、3000、3300、3600mm；厚度为 9、12、15、18mm。

3. 普通纸面石膏板的应用

普通纸面石膏板应用于办公空间、宾馆、候机大厅、住宅等建筑装饰吊顶、隔断。普通纸面石膏板，不能直接作为装饰表面，要经过刮腻子、刷乳胶漆，贴壁纸，镶贴各种玻璃、木材装饰等。

（二）耐水纸面石膏板

耐水纸面石膏板是以建筑石膏为主要原料，掺入适量耐水外加剂构成耐水芯材，外加纸质护面，形成的装饰材料（图 8-6）。

图 8-6　9mm 耐水石膏板

1. 耐水纸面石膏板的特点

耐水纸面石膏板是为适用于室内高湿度环境而开发生产的耐水防潮类的轻质板材，其石膏芯内掺入防水剂，外加防水纸质护面，成为特殊的装饰材料。

2. 耐水纸面石膏板的规格

普通纸面石膏板宽度为 900、1200mm；长度为 1800、2100、2400、2700、3000、3300、3600mm；厚度为 9、12、15、18mm。

3. 耐水纸面石膏板的应用

耐水纸面石膏板主要运用于防水要求高的厨房、卫生间等场所。

（三）耐火纸面石膏板

耐火纸面石膏板是以建筑石膏为主要原料，掺入适量无机耐火纤维构成耐火芯材，外加纸质护面，形成的装饰材料（图 8-7）。

图 8-7　耐火石膏板

1. 耐火纸面石膏板的特点

耐火纸面石膏板属于难燃性建筑材料（B1 级），具有较强的遇火稳定性，其遇火稳定时间大于 20~30min。当耐火纸面石膏板与轻钢龙骨石膏板共同使用时，可作为 A 级装饰材料。

2. 耐火纸面石膏板的规格

普通纸面石膏板长度为 1200、2100、2400、2700、3000、3300mm；宽度为 900、1800mm；厚度为 9、12、15、18、21、25mm。

3. 耐火纸面石膏板的应用

耐火纸面石膏板主要运用于博物馆、售票厅、商场、娱乐场所等公共场所。

（四）吸声穿孔石膏板

吸声穿孔石膏板是以穿孔的石膏板或纸面石膏板为基础板材，覆透气性材料而成的石膏板（图 8-8）。

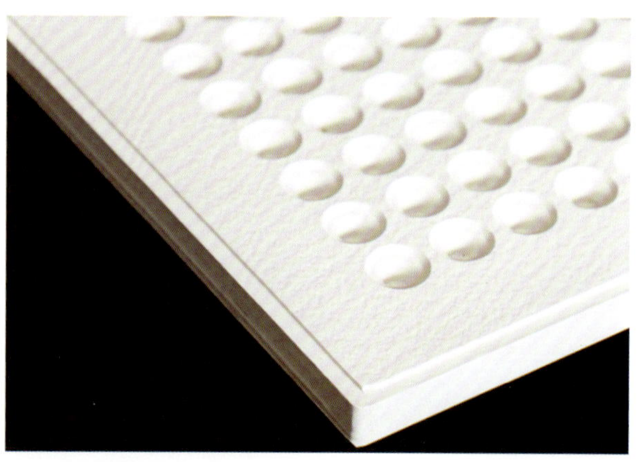

图 8-8　穿孔吸声石膏板

1. 吸声穿孔石膏板的特点

吸声穿孔石膏板具有较高的吸声功能，还具有较好的防火、防水和遇火稳定性。

2. 吸声穿孔石膏板的应用范围

吸声穿孔石膏板广泛应用于音乐厅、影剧院、演播厅、会议室及对吸声要求高的公共场所，通常用作天棚、墙面装饰材料。

3. 吸声穿孔石膏板的规格

吸声穿孔石膏板一般为600mm×600mm、500mm×500mm。

第九章　建筑装饰塑料

第一节　塑料的基础知识

一、塑料的组成

塑料是指以合成树脂或天然树脂为主要原料，按一定的比例加入填料、增塑剂、固化剂、着色剂及其他助剂，在一定温度、压力下，经混炼、塑化、成型，且在常温下保持制品形状不变的材料。塑料质轻，强度高，其密度与木材相近。用于装饰装修工程，可以减轻施工强度和降低建筑物的自重，是一种轻质装饰材料（图 9–1）。

图 9–1　塑料颗粒

二、塑料的特性

（一）塑料的优点

（1）塑料导热系数小：塑料的导热系数很小，是理想的绝热材料。

（2）电绝缘性好：塑料是电的不良导体，绝缘性可与陶瓷、橡胶媲美。

（3）化学稳定性好：塑料通常具有很高的化学稳定性，对一般的酸、碱、盐及油脂有较强的抵抗作用。

（4）塑料的加工特性好：可以根据使用要求加工成多种形状的产品，且加工工艺简单，宜于采用机械化大规模生产。

（5）设计性好：可通过改变配方、加工工艺，制成具有各种特殊性能的工程材料。如高强的碳纤维复合材料，隔音、保温复合板材，密封材料，防水材料等。

（6）装饰性强：塑料可以制成透明的制品，也可制成各种颜色的制品，而且色泽美观、耐久，还可用先进的印刷、压花、电镀及烫金技术制成具有各种图案、花型和表面立体感、金属感的制品（图 9–2）。

图 9–2　波浪板

（二）塑料的缺点

1. 易老化

塑料制品的老化是指制品在阳光、空气、热及环境介质中如酸、碱、盐等作用下，发生机械性能变坏，甚至发生硬脆、破坏等现象。

2. 易燃

塑料不仅可燃，而且在燃烧时发烟量大，甚至产生有毒气体。但通过改进配方，如加入阻燃剂、无机填料等，也可制成自熄、难燃的甚至不燃的产品。

3. 热性差

塑料一般都具有受热变形，甚至产生分解的问题，在使用中要注意其限制温度。

4. 刚度小

塑料是一种黏弹性材料，弹性模量低，只有钢材的 1/10~1/20，用作承重结构应慎重。

三、塑料的分类

（1）按使用性能和用途分为通用塑料及工程塑料两类：

通用塑料指的是一般用途的塑料，其用途广泛、产量大、价格较低，是建筑中应用较多的塑料。工程塑料是指具有较高机械强度和其他特殊性能的聚合物。

（2）按制品的形态可分为以下几种：

1）薄膜制品：主要用作壁纸、印刷饰面薄膜、防水材料及隔离层等；

2）薄板：装饰板材、门面板、铺地板、彩色有机玻璃等（图 9-3）；

图 9-3 PP/PC 中空格子板

3）异型板材：玻璃钢屋面板、内外墙板等；

4）管材：主要用作给排水管道系统；

5）异型管材：主要用作塑料门窗及楼梯扶手等；

6）泡沫塑料：主要用作绝热材料；

7）模制品：主要用作建筑五金、洁具及管道配件；

8）复合板材：主要用作墙体、屋面、吊顶材料；

9）盒子结构：主要由塑料部件及装饰面层组合而成，用作卫生间、厨房或移动式房屋。

四、塑料制品的加工

对于热塑性塑料制品，采用不同的成型方式，其工艺与设备均不相同。但在成型前，都需将主要原料与辅助原料进行混炼，使原料均匀混合，制成颗粒、粉状或其他状态，再进行成型；对于热固性塑料制品，一般采用涂覆、浸渍、拌和、热压等组合成型。

第二节　常用的建筑装饰塑料

目前，用于建筑装饰的塑料制品很多，几乎遍及室内装饰的各个部位，最常见的有塑料地板、铺地卷材、塑料地毯、塑料装饰板、塑料墙纸、塑料门窗型材、塑料管材等。

一、塑料地板

塑料地板是以高分子合成树脂为主要材料，加入其他辅助材料，经一定的制作工艺制成的预制块状、卷材状或现场铺涂整体状的地面材料。

（一）特点

塑料地板具有质轻、耐磨、耐油、耐腐蚀、经久耐用、防火、隔音、隔热、色泽艳丽美观、尺寸稳定、回弹性好、脚感舒适、施工方便等优点（图 9-4）。

图 9-4 卫生间塑料地板

（二）分类

（1）按所用树脂可分为：聚氯乙烯塑料地板、聚丙烯树脂塑料地板和氯化聚乙烯树脂塑料地板三大类。

（2）按生产工艺可分为压延法、热压法和注射法。我国塑料地板的生产大部分采用压延法。

（3）按材料可分为硬质、半硬质片材和软质的卷材。

（4）按外形可分为块材地板和卷材地板。

(三)塑料地板的选用

地板选择应遵循的原则是:依据建筑物的等级和使用功能选用。

(1)国家级和省、市级重要建筑物，可选择档次较高经久耐用的硬质、半硬质多层复合地板;

(2)一般建筑物及民用住宅，可选用半硬质或软质的地板卷板;

(3)有特殊要求的办公用房如计算机房、控制车间，需要注意避免静电对仪表的干扰，可选用抗静电塑料地板;

(4)要求空气净化的防尘车间，应选用防尘塑料地板等。

二、塑木地板

(一)塑木地板的概念

塑木就是塑料与木头的结合材料，是以回收塑料(PE、PP、PVC等)加入木纤维或植物纤维(如木粉、木屑、小麦秸秆、谷壳等)作为增强材料或填料，经过预处理后与其他材料复合而成的一种新型环保复合型材料。

(二)塑木地板的性能

(1)使用寿命长。与普通的木材相比，经过二次加工的木塑板在使用寿命上更具有优势。

(2)无论是防水还是防潮或者防虫，塑木板都比普通木材更加优良。

(3)可塑性强。塑木板是使用废弃的木料进行再加工而成的，可以根据市场的需求进行生产。

(4)塑木环保健康。环保、无污染，可以循环再利用。

(三)塑木地板的应用

塑木地板主要用作室外铺地、外墙板、室外桌椅、凉亭、栅栏、室内门窗、室内天花吊顶、装饰板材等，使用广泛。几乎可在所有原木、塑料、塑钢、铝合金等材料的使用场景和相关领域看到塑木材料的身影(图9-5)。

图9-5 塑木地板

三、塑料壁纸

(一)塑料壁纸的概念

塑料壁纸是以纸为基材，以聚氯乙烯塑料为面层，经过压延、涂布以及印刷、轧花、发泡等工艺而制成的，通过胶黏剂贴于墙面或天花板上的一种饰面材料，也称聚氯乙烯壁纸(图9-6)。

图9-6 塑料壁纸

(二)塑料壁纸的特性

(1)装饰效果好。由于塑料墙纸表面可进行印花、压花及发泡处理，能仿天然石纹、木纹及锦缎，达到以假乱真的地步，并通过精心设计，印制适合各种环境的花纹图案，几乎不受限制。色彩也可任意调配。

(2)性能优越。可根据需要，加工成具有难燃隔热、吸音、防霉、不易结露、不怕水洗，不易受机械损伤的产品。

(3)使用寿命长，易维修保养。

(三)常用的塑料壁纸

1. 普通壁纸

普通壁纸是以80~100g/m^{2}的纸作基材，涂塑

100g/m² 左右的聚氯乙烯糊，经印花、压花等工序而成。花色品种多，适用面广，价格较低，是民用住宅和公共建筑墙面装饰应用最普遍的一种壁纸。

2. 发泡壁纸

发泡壁纸是以 100g/m² 的纸作基材，涂塑 300~100g/m² 掺有发泡剂的 PVC 糊，印花后再加热发泡而制成的。高发泡壁纸的表面呈富有弹性的凹凸花纹，是一种装饰兼吸音的多功能墙纸，常用于歌剧院、会议室、居室的天花板装饰。低发泡印花壁纸是在掺有适量发泡剂的 PVC 糊涂层的表面印上图案或花纹，图案逼真，立体感强，装饰效果好，并有一定的弹性，适用于室内墙裙、客厅和内走廊装饰。

3. 特种壁纸

特种壁纸是指具有耐水、防火和特殊装饰效果的壁纸品种。耐水壁纸是用玻璃纤维毡作基材，在 PVC 涂塑材料中配以具有耐水性的胶黏剂，以适应卫生间、浴室等墙面的装饰要求。

四、塑料门窗

（一）塑料门窗的概念

塑料门窗主要是采用 PVC 树脂为胶结料，加上一定比例的稳定剂、填充剂、改性剂、紫外线吸收剂等，经混炼、挤出、冷却定型成异型材后，再通过切割、焊接组装而成。

（二）塑料门窗的分类

塑料门窗的种类很多，按结构形式分为单玻、双玻和三玻门窗；按开启方式分为平开门、平开窗、推拉门、固定门和旋窗等；按颜色分为单色、双色门窗。此外还分有带纱扇门窗和不带纱扇门窗、有槛门窗和无槛门窗，以及全塑门窗和复合塑料门窗等（图 9-7）。

（三）塑料门窗的主要性能

（1）保温节能性。塑料门窗在保温节能方面表现突出。采用的塑钢门窗，隔热性能良好，其传热性能甚弱，保温效果显著，尤其对具有暖气空调设备的现代建筑物更加适用。

（2）耐候性。塑钢型材可长期使用在温差较大的环境中（-50℃ ~70℃），不会出现变质、老化、脆化等现象，在正常环境条件下塑钢门窗使用寿命可达 50 年以上。

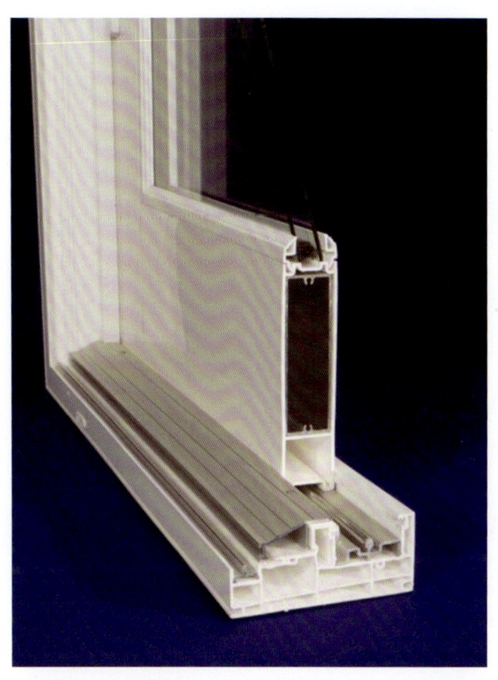

图 9-7　塑料门窗

（3）气密性。塑钢门窗在安装时在所有的缝隙处都装有橡塑密封条和毛条，所以气密性很高。因其具有独特的多腔式结构，所以无论是框还是扇的积水都能有效的排出。

（4）抗风压性能。在选择门窗时可根据当地的风压值、建筑物的高度、洞口大小、窗型设计来选择型材系列及加强筋的厚度，以保证建筑对门窗的要求。

（5）隔音性。塑钢型材具有良好的隔音效果，特别适用于闹市区及需要安静的场所如医院、学校、宾馆、写字楼等。

（6）防火性。塑钢门窗不易燃、不助燃、能自熄，安全可靠。

五、塑料装饰板材

（一）塑料装饰板材的概念

塑料装饰板材是指以树脂为浸渍材料或以树脂为基材，采用一定的生产工艺制成的具有装饰功能的普通或异形断面的板材（图 9-8）。

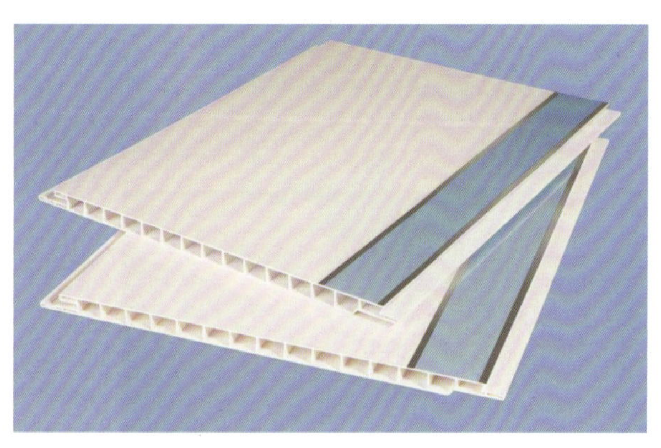

图 9–8 PVC 塑料扣板

(二)塑料装饰板材的特点

塑料装饰板材的特点是重量轻、装饰性强、生产工艺简单、施工方便、易于保养、适于与其他材料复合等，在装饰工程中得到广泛应用。

(三)常见的塑料装饰板材

1. 硬质 PVC 板

硬质 PVC 板主要有透明和不透明两种。透明板是以 PVC 为基料，掺加增塑剂、抗老化剂，经挤压而成型。特点是机械性能好、热稳定、耐候、耐化学腐蚀、难燃，并可进行切、剪、锯加工等。不透明板是以 PVC 为基材，掺入填料、稳定剂、颜料等，经捏和、混炼、拉片、切粒、挤出或压延而成型。

2. 聚碳酸酯(PC)板

聚碳酸酯板是以聚碳酸酯塑料为基材，采用挤出成型工艺制成的栅格状中空结构异型断面板材。聚碳酸酯采光板的特点为轻、薄、刚性大、不易变形；良好的耐水性和耐湿性；透光性好，耐候性好；隔热、保温、阻燃性好；色调多，外观美观，极富装饰性，且不易褪色。适用于采光顶棚、室内游泳池天幕、高速公路等的隔音屏障、银行防盗柜台、警用防暴盾牌等的制作。

3. 三聚氰胺层压板

三聚氰胺层压板也称纸质装饰层压板或塑料贴面板，是以厚纸为骨架，浸渍酚醛树脂或三聚氰胺甲醛等热固性树脂多层叠合经热压固化而成的薄型贴面材料。常用于墙面、柱面、台面、家具、吊顶等饰面工程。

第十章　建筑装饰纤维

建筑装饰纤维是相关织品的原料。装饰纤维织品主要包括地面装饰类、墙面贴饰类、挂帷遮饰类、家具覆饰类、床上用品类、餐厨用品类等。这类纺织品的色彩、质地、柔软性及弹性等均会对室内的质感、色彩及整体装饰效果产生直接影响。合理选用装饰用织物，既能使室内呈现豪华的效果，又给人以柔软舒适的感觉（图 10–1、图 10–2）。

图 10–1　纺织品装饰效果（一）

图 10–2　纺织品装饰效果（二）

第一节　纤维的基础知识

一、常用纤维原料

装饰纤维织品所使用的纤维原料包括天然纤维和化学纤维两大类。这两类纤维各有其优点和特性。

（一）天然纤维

天然纤维是传统的纺织原料，分棉、毛、丝、麻等。这类纤维有使用舒适、外观自然优美的特性，在现代纺织装饰面料中占有十分重要的地位，许多高档装饰用的织物，以及床上用纺织品都选用天然纤维作原料。

（二）化学纤维

化学纤维是用天然高分子化合物或人工合成的高分子化合物为原料，经过制备纺丝原液、纺丝和后处理等工序制得的具有纺织性能的纤维。

二、装饰纤维织品分类

（一）地面装饰类纺织品

地面装饰类纺织品为软质地毯。地毯具有吸音、保温、行走舒适和装饰作用（图 10–3）。

图 10–3　地面装饰类纺织品

（二）墙面贴饰类纺织品

墙面贴饰类纺织品泛指墙布织物。墙布具有吸音、隔热、调节室内湿度与改善环境的作用。墙布较常见的有黄麻墙布、印花墙布、无纺墙布、植物纺织墙布。

此外，还有较高档次的丝绸墙布、静电植绒墙布等（图10-4）。

图 10-4　墙面贴饰类纺织品装饰效果

（三）挂帷遮饰类纺织品

挂帷装饰类纺织品是挂置于门、窗、墙面等部位的织物，也可用作分割室内空间的屏障，具有隔音、遮蔽、美化环境等作用。主要形式有悬挂式、百叶式两种。常用的织物有薄型窗纱，中、厚型窗帘，垂直帘，横帘，卷帘，帷幔等（图 10-5）。

图 10-5　挂帷遮饰类纺织品装饰效果

（四）家具覆饰类纺织品

家具覆饰类纺织品是覆盖于家具之上的织物，具有保护和装饰的双重作用。

主要有沙发布、沙发套、椅垫、椅套、台布、台毯等。此外，还有用于公共运输工具如汽车、火车、飞机上的椅套与坐垫织物（图 10-6）。

图 10-6　家具覆饰类纺织品装饰效果

（五）床上用品类纺织品

床上用品是家用装饰织物最主要的类别，具有舒适、保暖、协调并美化室内环境的作用。床上用品包括床垫套、床单、床罩、被子、被套、枕套、毛毯等织物（图 10-7）。

图 10-7　床上用品类纺织品装饰效果

（六）卫生盥洗类纺织品

卫生盥洗类纺织品以巾类织物为主，具有柔软、舒适、吸湿、保暖的性能。这类织物主要有毛巾、浴巾、浴衣、浴帘等（图 10-8）。

图 10-8 卫生盥洗类纺织品

（七）餐厨用品类纺织品

餐厨用纺织品在家用纺织装饰品中所占比重较小，较注重实用性能与卫生性能。一般包括餐巾、方巾、围裙、防烫手套、保温罩、餐具存放袋及购物的包袋等物。

（八）纤维工艺美术品

纤维工艺美术品是以各式纤维为原料编结、制作的艺术品，主要用于装饰墙面，为纯欣赏性的织物。这类织物有平面挂毯、立体型现代艺术壁挂等（图 10-9）。

图 10-9 纤维工艺美术品墙面装饰效果

第二节 常用的装饰纤维

一、装饰纤维壁纸

（一）装饰壁纸

壁纸，是一种用于裱糊墙面的室内装修材料。

壁纸具有色彩多样、图案丰富、豪华气派、安全环保、施工方便、价格适宜等多种其他室内装饰材料所无法比拟的特点。

（二）常用的装饰壁纸

1. 塑料壁纸

由于塑料壁纸原材料便宜，有各种颜色、花纹、图案，只要按设计者的意图施工，便可以达到各种各样的装饰效果。塑料壁纸具有吸音、隔热、防菌、防霉、耐水等多种功能。维护保养简便，施工方便，可用普通胶黏剂粘贴。适用于宾馆、饭店、办公大楼、会议室、接待室、计算机房、广播室及家庭卧室等墙面装饰。

2. 纸基壁纸

纸基壁纸是以纸为基层，面层由纸经过套色印刷，压花，再与纸基裱贴复合制成。它是最早的壁纸。基底透气性好，能使墙体基层中的水分向外散发，不致引起变色、鼓泡等现象。这种壁纸价格便宜，缺点是性能差、不耐水、不便于清洗、不便于施工，目前较少生产（图 10-10）。

图 10-10 纸基壁纸

纸基壁纸可制成各种色彩图案，有仿木纹、竹纹、石纹、瓷砖、布纹，仿丝绸、织锦缎等艺术装饰壁纸。适用于饭店、宾馆、公共建筑室内及民用住宅的内墙、天棚等饰面装饰。

3. 金属壁纸

金属壁纸是以纸为基材，再粘贴一层电化铝箔，经过压合，印花而成。金属壁纸有光亮的金属质感和反光性，给人们一种金碧辉煌、庄重大方的感觉（图10–11）。

图 10–11　金属壁纸

金属壁纸的用途：

金属壁纸无毒、无气味、无静电、耐湿、耐晒、耐用、可擦洗、不褪色，用于高级宾馆、饭店、咖啡厅、舞厅等墙面、柱面和天棚。其特点是表面经过灯光的折射会产生金碧辉煌的效果。

4. 仿真塑料壁纸

仿真塑料壁纸，是以塑料为原料，经技术加工处理，模仿砖、石、竹编物、瓷板及木纹等真材实料的纹样和质感。适用于酒吧、舞厅、茶楼、餐厅等环境（图10–12）。

图 10–12　仿真塑料壁纸

5. 液体壁纸

液体壁纸也称为液态壁纸漆、壁纸漆、墙纸漆或壁纸涂料，是一种全新概念充满艺术性的墙艺漆，填补了墙面涂料、墙面漆和乳胶漆单色无图的缺陷，主要应用于写字楼、宾馆、居住空间的墙面装饰。具有风格各异，质感逼真的装饰效果，是一种新型内墙装饰涂料（图 10–13）。

图 10–13　液体壁纸

二、地毯

（一）地毯

地毯是一种高级地面装饰材料，有悠久的历史，也是一种世界通用的装饰材料之一。它不仅具有隔热、保温、吸音、挡风及弹性好等特点，而且铺设后可以使室内具有高贵、华丽、悦目的氛围。所以，它是自古至今经久不衰的装饰材料，广泛应用于现代建筑和民用住宅（图 10–14）。

图 10–14　地毯

（二）地毯的性能

（1）耐磨性。地毯的耐磨性用耐磨次数来表示，即地毯在固定压力下磨至背衬露出所需要的次数。耐磨次数愈多，表示耐磨性愈好。耐磨性的优劣与所用材质、绒毛长度及道数有关。

（2）弹性。地毯的弹性是指地毯经过一定次数的碰撞后厚度减少的百分率。

（3）剥离强度。剥离强度是衡量地毯面层与背衬复合强度的一项性能指标，也是衡量地毯复合后耐水性指标。

（4）黏合力。黏合力是衡量地毯绒毛固着在背衬上的牢固程度的指标。

（5）抗老化性。抗老化性主要是对化纤地毯而言。这是因为化学合成纤维在空气、光照等因素作用下会发生氧化，使性能下降。通常是用经紫外线照射一定时间后，化纤地毯的耐磨次数、弹性及色泽的变化情况加以评定。

（6）抗静电性。化纤地毯使用时易产生静电，产生吸尘和难清洗等问题，严重时，人有触电的感觉。因此化纤地毯生产时常掺入适量抗静电剂。抗静电性用表面电阻和静电压来表示。

（7）耐燃性。燃烧时间在 12min 以内，燃烧直径在 17.96cm 以内，耐燃性合格。

（三）几类常用地毯的分类

1. 纯毛地毯

纯毛地毯是用绵羊毛为原料，表面平整丝光，光泽好，手感爽滑，致密而富有弹性。纯羊毛地毯图案优美，色泽鲜艳，富丽堂皇，质地厚实，富有弹性，柔软舒适，经久耐用。但由于做工精细，价格较高，常用于高级会议场所，大型饭店、宾馆、楼梯及大多数公用场所，也可以在家庭中满铺使用（图 10-15）。

2. 纯羊毛无纺织地毯

纯羊毛无纺织地毯是以粗羊毛为原料，采用针刺、针缝、黏合、静电植绒等无纺织成型方法制成，它是近几年发展起来的新品种，具有质地均匀、物美价廉、使用方便等特点。广泛用于宾馆、体育馆、剧院及其他公共场合（图 10-16）。

图 10-15 纯毛地毯

图 10-16 纯羊毛无纺织地毯

3. 化纤地毯

化纤地毯以尼龙地毯居多，用尼龙织造的地毯耐久性好，耐拉伸、耐曲折、耐破损性能较好，价格低廉，比较适合铺在走廊、楼梯、客厅等走动频繁的区域。但尼龙地毯容易产生静电，而且不耐热、易燃烧、易污染（图 10-17）。

4. 橡胶地毯

橡胶地毯是以天然或合成橡胶配以各种化工原料，热压硫化成型的卷状地毯。它具有色彩鲜艳、柔软舒适、弹性好、耐水、防滑、易清洗等特点。特别适用于卫生间、浴室、游泳池、车辆及轮船走道等特殊环境。各种绝缘等级的特制橡胶地毯还广泛用于配电室、计算机房等场合。

图 10–17　化纤地毯

5. 剑麻地毯

剑麻地毯以剑麻纤维为原料，经纺纱、编织、粘接、硫化等工序制成。产品分素色和染色两种，有斜纹、鱼骨纹、帆布平纹、多米诺纹等多种花色。应用于样板房、高档家居、会所、酒店、度假村、水疗馆等场所的地面软装配饰，具有抗压、耐磨、耐酸碱、无静电等优点（图 10–18）。

图 10–18　剑麻地毯

（四）地毯的基本功能

地毯作为室内陈设不仅具有实用价值，还具有美化环境的功能。地毯防潮、保暖、吸音与柔软舒适的特性，能给室内环境带来安适、温馨的气氛，地毯以其实用性与装饰性的和谐统一也已步入一般家庭的居室之中。

1. 保暖、调节功能

地毯织物大多由保温性能良好的各种纤维织成，大面积地铺垫地毯可以减少室内通过地面散失的热量，阻断地面寒气的侵袭，使人感到温暖舒适。测试表明，在装有暖气的房内铺以地毯后，保暖值将比不铺地毯时增加 12% 左右。地毯织物纤维之间的空隙具有良好的调节空气湿度的功能，当室内湿度较高时，它能吸收水分；室内较干燥时，空隙中的水分又会释放出来，使室内湿度得到一定的调节平衡，令人舒爽怡然（图 10–19）。

图 10–19　卧室地毯

2. 吸音功能

地毯的丰厚质地与毛绒簇立的表面具备良好的吸音效果，并能适当降低噪声影响。由于地毯吸收音响后，减少了声音的多次反射，从而改善了听音清晰程度，故室内的收录音机等音响设备，其音乐效果更为丰满悦耳。此外，在室内走动时的脚步声也会消失，减少了周围杂乱的音响干扰，有利于形成一个宁静的居室环境。

3. 舒适功能

人们在硬质地面上行走时，脚掌着力于地以及地面的反作用力，使人感觉不舒适并容易疲劳。铺垫地毯后，由于地毯为富含弹性纤维的织物，有丰满、厚实、松软的质地，所以在上面行走时会产生较好的回弹力，令人步履轻快，感觉舒适柔软，有利于消除疲劳和紧张。

地毯质地丰满，外观华美，铺设后地面能显得端庄富丽，获得极好的装饰效果。生硬平板的地面一旦铺了地毯便会满室生辉，令人精神愉悦，给人一种富有美感的享受。

地毯通常在室内空间中所占面积较大，决定了居室装饰风格的基调。选用不同花纹、不同色彩的地毯，能营造各具特色的环境气氛。大型厅堂的庄严热烈，休闲会所的宁静优雅，家居房舍的亲切温暖，地毯在这些不同居室气氛的环境中扮演了举足轻重的角色。

三、装饰墙布

墙布是一种应用相当广泛的室内装饰材料，具有色彩多样、图案丰富、豪华气派、安全环保、施工方便、价格适宜等优点，在室内设计中应用十分普遍。墙布的花色品种非常丰富，为了适应不同的空间和场所、不同的兴趣和爱好，不同的价格和层次具有多种类型可供选择（图 10-20、图 10-21）。

图 10-20　壁纸

图 10-21　墙布（一）

（一）装饰墙布的性能要求

1. 平挺性能

墙布织物需平挺且有一定弹性，无缩率或缩率较小，尺寸稳定性好，织物边缘整齐平直，不弯曲变形，花纹拼接准确不走样。这些织物本身品质性能的优劣直接影响到裱贴施工的效果。墙布还应具有相当密度与适当厚度，若织物过于稀疏单薄，一些水溶性的黏合剂就可能渗透到织物表面，形成色斑（图 10-22）。

图 10-22　墙布（二）

2. 粘贴性能

墙布必须具备较好的粘贴性，粘贴后织物表面平整挺括，拼缝齐整，无翘起剥离现象产生。墙布粘贴性除要求足够的粘敷牢度，使织物与墙面结合平服牢固外，还应具有重新施工时易于剥离的性能。因为墙布使用一段时间后需更换新的花色品种，这就要求旧墙布在剥脱时方便，易于清除。

3. 耐污、易于除尘

墙布大面积暴露于空气中，极易积聚灰尘，易受霉变虫蛀等自然污损。为此要求墙布具有较好的防腐耐污性能，能经受空气中细菌、微生物的侵蚀不发霉，纤维有较强的抗污染能力，日常去污除尘需方便易行，一般以软刷子和真空吸尘器应能有效除尘。有些墙布为达到较好的除尘耐污要求，可做拒水、拒油处理，经处理后不易沾尘，也能进行揩擦清洗，但对墙布的保温性能以及织物表面风格有一定影响。

4. 耐光性

墙布虽然装饰于室内，但也经常受到阳光的照射，为了保持织物的牢度和花纹色彩的鲜艳，要求纤维具有较好的耐光性，不易老化变质。染料的化学稳定性好，日光照晒后不褪色。

5. 吸音

有些特殊需要的墙布还需具备良好的吸声、阻燃性能。需要纤维材料能吸收声波，使噪声得以衰减；同时利用织物组织结构使墙布表面具有凹凸效应，增强吸声性能。

（二）装饰墙布分类

墙布实际上是壁纸的另一种表面形式，一样有着变幻多彩的图案、瑰丽无比的色泽，所不同的是面层材料，既布与纸的区别。不过，在柔和的质感上，墙布则比壁纸更真实、更自然。墙布不仅有着与壁纸一样的环保特性，而且更新也很简便，并具有更强的吸声、隔声性能，还可防火、防霉防蛀，也非常耐擦洗。

1. 棉纺墙布

棉纺墙布是装饰墙布之一。它是将纯棉平布经过前处理、印花、涂层制作而成。这种墙布强度大，静电小，无味，无毒，吸音，花型繁多，色泽美观大方。用于宾馆、饭店等公共建筑及较高级的民用住宅的装修。可在砂浆、混凝土、石膏板、胶合板、纤维板及石棉水泥板等多种基层上使用。

2. 无纺贴墙布

无纺贴墙布是采用棉、麻等天然纤维或涤纶、腈纶等合成纤维，经过无纺成型、上树脂、印花而成的一种新型贴墙材料。这种贴墙布的特点是挺括、有弹性、不易折断、耐老化、对皮肤无刺激作用等，而且色彩鲜艳，粘贴方便，具有一定的透气性和防潮性，能擦洗而不褪色。无纺贴墙布适用于各种建筑物的内墙装饰。尤其适用于高档宾馆及住宅的装修（图 10-23）。

图 10-23　无纺贴墙布

3. 化纤墙布

化纤墙布是以涤纶、腈纶、丙纶等化纤布为基材，经处理后印花而成。这种墙布具有无毒、无味、透气、防潮、耐磨、无分层等特点。适用于各类建筑的室内装修（图 10-24）。

图 10-24　化纤墙布

第十一章　金属装饰板

一、金属装饰板的概念和种类

1. 金属装饰板的概念

金属装饰板是一种以金属为表面材料复合而成的建筑装饰材料。金属装饰板的材质种类有铜、不锈钢、铝合金等，与传统吊顶材料相比，其质感、装饰感方面更优。

2. 金属装饰板材的种类

金属装饰板材的种类很多，有压型钢板、锌板、镀铝锌板、铝合金板、铝镁合金板、铜板、不锈钢板、彩色不锈钢板等。金属装饰板的制作形状多种多样，有的是复合板，即将保温芯材复合在两层金属板材之间，也有的为单板。

二、常用的金属装饰板

（一）铝塑板

铝塑板，是铝塑复合板的简称，是一种新型装饰材料。自 20 世纪 80 年代末 90 年代初从德国引进到中国，铝塑板便以其经济性、可选色彩的多样性、便捷的施工方法、优良的加工性能、绝佳的防火性及高品质，迅速得到人们的青睐（图 11–1）。

图 11–1　黑拉丝铝塑板

1. 铝塑板的性能

铝塑复合板是由多层材料复合而成。上下层为高纯度铝合金板，中间为非金属聚乙烯塑料，外表还粘贴一层保护膜。其性能包括：

（1）耐候性佳、强度高、易保养；

（2）施工便捷、工期短；

（3）优良的加工性、断热性、隔音性和绝佳的防火性能；

（4）可塑性好、耐撞击、可减轻建筑物负荷，防震性佳；

（5）平整性好，轻而坚；

（6）可供选择颜色多；

（7）加工机具简单、可现场加工；

（8）花型和图案可以定制。

2. 铝塑板的应用

铝塑复合板本身所具有的独特性能，决定了其广泛用途：它可以用于大楼外墙、帷幕墙板、旧楼改造翻新、室内墙壁及天花板装修、广告招牌、展示台架等装饰工程（图 11–2）。

图 11–2　铝塑板外墙装饰造型

（二）金属铝扣板

铝扣板为金属吊顶板。第一类铝镁合金，同时含有部分锰，该材料最大的优点是抗氧化能力好，同时因为加入适量的锰，在强度和刚度上有所提高，是吊顶的最佳材料。第二类铝锰合金，该板材强度与刚度略优于铝镁合金，但抗氧化能力略有不足。第三类铝合金，该板材所含锰、镁较少，所以其强度及刚度均明显低于铝镁合金和铝锰合金，抗氧化能力一般（图11-3）。

图 11-3　金属铝扣板

1. 金属铝扣板的性能

（1）优良的板面涂层性能。优质的铝扣板一般采用优质涂料，由进口全自动高速涂装线涂装，板面平整，无色差，涂层附着力强，能耐酸、碱、盐雾的侵蚀，长时间不变色，涂料不脱落。涂层板是户外使用的极为理想的装饰材料，使用寿命二十年以上，且保养方便，用水冲洗便洁净如新。

（2）适温性强。铝扣板一般可在较大的温度变化下使用，其优良性能不受影响。

（3）重量轻、强度高。在相同刚度情况下，远比其他材料轻。

（4）隔音隔热、防震。铝塑板具有金属和塑料的双重性能，是理想的隔音、隔热、防震的建筑材料（图11-4）。

（5）安全无毒、防火。铝扣板的芯层是无毒的聚乙烯，其表面是非可燃的铝板，故表面燃烧特性符合建筑法规的耐火要求。

（6）色彩丰富，可选性广。铝扣板色泽繁多，色彩可以组合搭配。

图 11-4　金属铝扣板吊顶

（7）加工性能优良。铝扣板可以用普通的木材和金属加工工具进行剪、锯、冲、压、折、弯等加工成型，能准确完成设计造型要求。

2. 金属铝扣板的规格

金属装饰板的规格有长方形、方形等。长方形板的最大规格有600mm×600mm、300mm×300mm和6000mm×100mm，厚度一般有0.5、1mm不等。一般居室的卫生间或厨房使用宽度100mm的长条形板材或者选用300mm×300mm的方形金属装饰板。一般金属铝扣板可分成穿孔铝板和涂层铝板，穿孔铝板具有吸声、透气的作用。

（三）防静电地板

防静电地板主要是一种用于电子计算机等设备等所在地面的静电耗散设施。

防静电地板系统通常由地板、横梁、支架等主要部位组成（图11-5）。

图 11-5　防静电地板

（1）地板：采用优质合金冷轧钢板，经拉伸后点焊成形。外表经磷化后进行喷塑处理，内腔填充发泡填料。

（2）横梁：全钢地板配套横梁分为长横梁和短横梁两种，表面镀锌防锈处理。

（3）支架：通常分为标准支架、加强支架和超强支架。此外，还有两种特殊用途的支架：斜坡支架、收边支架。

1. 防静电地板的种类

（1）陶瓷防静电地板。

采用防静电瓷砖作为面层，复合全钢地板或水泥刨花板、四周导电胶条封边加工而成。具有防静电性能稳定、环保、防火、高耐磨、高寿命、高承载、防水、防潮、装饰效果好等优点（图 11-6）。

图 11-6　陶瓷防静电地板

（2）全钢防静电地板。

全钢防静电地板采用高耐磨的三聚氰胺 HPL 防火板或 PVC 作为面层，是钢壳结构基材。全钢地板的优点是施工方便，安装后也不会存在缝隙问题，更换方便；缺点是面层材料不耐磨、寿命短，容易起皮翘角，过几年就要更换（图 11-7）。

（3）铝合金防静电地板。

产品采用优质铸铝型材，经拉伸成型，面层为高耐磨 PVC 或 HPL 贴面，导电胶粘贴而成，具备基材永久不生锈，可多次使用，从而有效解决了复合地板及全钢地板的产品缺陷，是量身定做的高档防静电地板（图 11-8）。

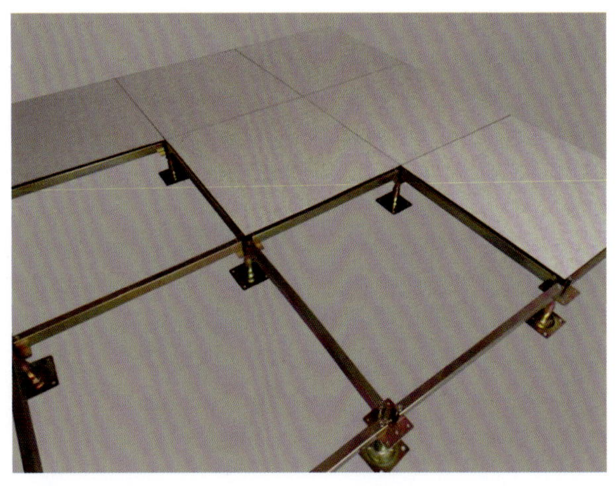

图 11-7　全钢防静电地板

图 11-8　铝合金防静电地板

2. 防静电地板的应用

防静电地板主要应用于计算机机房、数据处理中心、实验室、微波通信站机房、程控电话交换机房、移动通信机房等。

（四）不锈钢装饰板

不锈钢装饰板是一种抗腐蚀性强、机械性能较高、彩色面层经久不褪色、色泽鲜艳的装饰材料。

1. 不锈钢装饰板的种类

（1）彩色不锈钢镜面板。

不锈钢面板通过抛光使板面光度像镜子一样清晰。

（2）彩色不锈钢拉丝板。

拉丝板，也叫发丝纹板，因为其表面纹理像头发细长而直。这是不锈钢的一种加工工艺。

（3）彩色不锈钢喷砂板。

喷砂板用锆珠粒通过机械设备在不锈钢板面进行加工，使板面呈现细微珠粒状砂面，形成独特的装饰效果。

2. 不锈钢装饰板的应用

可用作厅堂墙板、天花板、电梯厢板、车厢板，以及建筑装潢、招牌等装饰之用。彩色不锈钢板一般都用于装饰墙面（图 11–9）。

图 11–9　不锈钢装饰板

第十二章　建筑装饰胶黏剂

胶黏剂多为有机合成材料，通常是由黏结料、固化剂、增塑剂、稀释剂及填充剂等原料经配制而成。特别适用于不同材质、不同厚度、超薄规格和复杂构件的连接。胶黏剂近代发展很快，应用行业极广，对科学技术进步和人民日常生活改善有重大影响（图 12–1、图 12–2）。

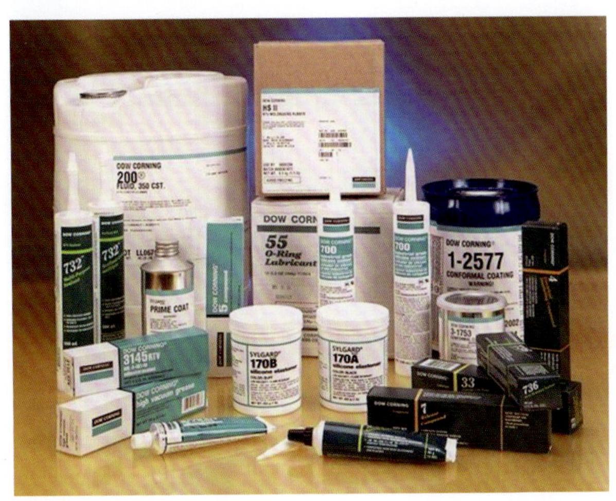

图 12–1　胶黏剂产品

图 12–2　胶黏剂

第一节　胶黏剂的组成与分类

一、组成

（一）黏结料

黏结料也称黏结物质，通常是由一种或几种高聚物混合而成，是胶黏剂的主要成分，主要作用是黏结两种物件。胶黏剂黏结性能主要取决于黏结物质的特性，如胶结强度、耐热性、韧性、耐介质性等。一般建筑工程中常用的黏结物质有热固性树脂、热塑性树脂、合成橡胶类等。

（二）固化剂

固化剂是促使黏结料进行固化反应而产生胶结强度的一种物质，常用的有胺类或酸酐类固化剂等。

（三）增塑剂

增塑剂也称增韧剂，它主要是可以改善胶黏剂的韧性，提高胶结接头的抗剥离、抗冲击能力以及耐寒性等。

（四）稀释剂

稀释剂也称溶剂，主要对胶黏剂起稀释分散、降低黏度、改善工艺性能的作用，并能增加胶黏剂与被胶粘材料的浸润能力，以及延长胶黏剂的使用寿命。

（五）填充剂

填充剂也称填料，一般在胶黏剂中不与其他组分发生化学反应。其作用是降低成本，减小膨胀系数，减少收缩性，增加胶黏剂的导热性，提高胶结层的抗冲击韧性和机械强度，调节黏度等。

常用的填充剂有金属及金属氧化物的粉末，玻璃、石棉纤维制品以及其他植物纤维等，如玻璃粉、石英粉、滑石粉及金刚砂等无机材料（图 12–3）。

图 12–3 填充剂

二、分类

（一）溶液

大部分胶黏剂属这一类型。主要成分是树脂或橡胶，在适当的有机溶剂或水中溶解成为黏稠的溶液，如干燥快、初期黏合力就大。如酚醛树脂、密胺树脂、脲醛、环氧聚丙烯酸双酯等。

（二）乳液或乳胶

它属于水分散型。树脂在水中分散称为乳液，橡胶的分散称为乳胶。如聚醋酸乙烯、聚丙烯酸酯、环氧树脂等。

（三）膏糊

高度不挥发的、具有间隙充填性的、高黏稠的胶黏剂。主要用于密封、腻子、填隙，封印材料都属这一类型，如丙烯醋酯、聚氯酯、醋酸乙烯酯等。

（四）粉末

粉末状胶黏剂主要属于水性胶黏剂，使用前先加溶剂（主要是水），调成糊状或液状。如聚醋酸乙烯、聚丙烯酸酯，天然物:淀粉（图 12–4）。

图 12–4 粉末状胶黏剂

（五）膜状

以纸、布、玻璃纤维等为基材，涂敷或吸附胶黏剂后干燥成薄膜状使用，或者直接以胶黏剂与基材形成薄膜材料，有高的耐热性和黏合强度，主要用于结构件。如酚醛 – 聚乙烯醇缩醛、环氧 – 聚酰胺、尼龙 – 环氧等。

第二节 常用的装饰胶黏剂

一、白乳胶

（一）白乳胶简介

白乳胶又称聚醋酸乙烯胶黏剂，是用途最广、用量最大的水溶性胶黏剂之一。白乳胶可常温固化、固化较快、粘接强度较高，粘接层具有较好的韧性和耐久性且不易老化。可作为墙纸、墙布、防水涂料和木材的胶接材料，也可作为水泥砂浆的增强剂、墙纸专用胶粉，用于各类基层的墙纸及墙布的粘贴（图 12–5）。

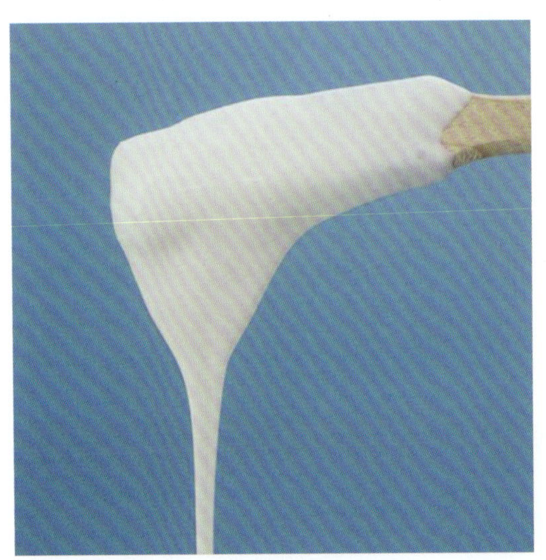

图 12-5　白乳胶

（二）白乳胶的性能

（1）属于水溶性胶黏剂，不燃烧、无毒，不污染环境，安全无公害；

（2）能够室温固化，固化速度快；

（3）胶膜透明，不污染被粘物，便于加工；

（4）对多孔材料如木材、纸张、棉布、皮革、陶瓷等有很强的黏结力。

（三）白乳胶的应用

白乳胶主要用于木材加工、家具组装、织物黏结、制品加工、印刷装订、工艺品制造、瓷砖粘贴等。

二、结构胶

（一）结构胶简介

结构胶是一种用于受力部件上的胶黏剂。结构胶具有粘接性能好、良好耐疲劳和耐腐蚀等特性，在建筑结构加固和改造工程中有较为广泛的应用，如粘钢接骨、密封灌缝和植筋锚固等（图 12-6）。

（二）结构胶的性能

结构胶强度高、抗剥离、耐冲击、施工工艺简便。

（三）结构胶的应用

结构胶黏剂多用于工程中金属、陶瓷、塑料、橡胶、木材等同种材料或者不同种材料之间的粘接。可部分代替焊接、铆接、螺栓连接等传统连接形式。

图 12-6　结构胶

三、玻璃胶

（一）玻璃胶简介

玻璃胶是将各种玻璃与其他基材进行粘接和密封的材料（图 12-7）。

图 12-7　玻璃胶

（二）玻璃胶的种类

玻璃胶按性能分为两种：中性玻璃胶和酸性玻

璃胶。

中性玻璃胶黏结力比较弱，一般用在卫生间镜子背面这些不需要很强黏结力的地方。中性玻璃胶在家装中使用比较多，主要因为它不会腐蚀物体，而酸性玻璃胶一般用在木线背面，黏结力很强。

（三）玻璃胶的应用

玻璃胶一般用于家庭装修需要防水或密封处理的洁具、坐便器、卫生间里的化妆镜、洗手池与墙面的缝隙处等。

四、耐候胶

（一）耐候胶简介

耐候胶是专门用于各种玻璃幕墙、铝板幕墙、石材幕墙等耐候密封而设计的硅酮密封胶。耐候胶具有优异的耐候性能，经过人工加速气候老化测试，密封胶的各项理化性能无明显变化。

（二）耐候胶的性能

（1）耐老化、耐紫外线、耐臭氧、耐水；

（2）耐高低温性能卓越，固化后在 -30℃的低温下仍不会变脆、硬化或开裂，在高温下不会变软、降解，始终保持良好的弹性；

（3）具有优良的黏结性，固化后与大多数建筑材料形成很强的黏结而不需要使用底涂；

（4）与其他中性硅酮胶具有良好的相容性。

（三）耐候胶的应用

耐候胶主要应用于铝合金玻璃幕墙的耐候密封，各种金属装饰板幕墙的耐候密封，混凝土、金属等的接缝密封，以及石材幕墙幕墙的耐候密封。

五、万能胶

（一）万能胶简介

万能胶通常是指建筑装饰中的溶剂型胶黏剂，因其粘接范围广、使用方便而得名。常见的万能胶的主要成分为氯丁胶，一般采用苯、甲苯、二甲苯作为溶剂，呈黄色液态黏稠状，具有良好的耐油、耐溶剂和耐化学试剂的性能（图 12-8）。

图 12-8　万能胶

（二）万能胶的种类

（1）水性防腐万能胶是一种具有耐水、防腐、无毒、无污染，性能优良且适用范围广泛的万能胶。

（2）环保型建筑防水万能胶属于一种绿色环保型强力建筑防水多功能胶。该万能胶黏结力强，有极佳的防水性和渗透性，快干，易施工，经济价廉等优点。

（三）万能胶的应用

万能胶一般用于木材、铝塑板、皮革、人造革、塑料、橡胶、金属等软硬材料的粘接。

第十三章 建筑装饰涂料

涂料，有时俗称油漆。平常所说的油漆只是其中的一种。涂料是一种材料，这种材料可以用不同的施工工艺涂覆在物件表面结成坚韧的保护膜，具有耐磨性、绝缘性，可防止侵蚀，也可提升表面美观度。如油漆、天然漆、合成树脂等。它施工方便、干燥快、保色性及透气性好，具有不同的颜色，可根据不同的部位以及和家具颜色的匹配性等进行选择，也可以用各色颜料自行调配。与传统的墙面装饰材料相比，尽管大多数涂料的使用年限较短，但由于它具有造价低、装饰性好、工期短、工效高、自重轻，以及施工操作、维修、更新都比较方便等特点，是一种最有发展前途的装饰材料（图 13–1）。

图 13–1 装饰涂料

第一节 涂料的基础知识

一、涂料的概念与作用

（一）涂料的概念

涂料是指涂覆于物体表面，与物体很好地黏结在一起，并形成连续性的固态薄膜，从而对物体起到装饰、保护或使物体具有某种特殊功能（绝缘、防锈、防霉、耐热等）的物质。这样形成的薄膜通称涂膜，又称漆膜或涂层。用于建筑物的装饰和保护的涂料称为建筑涂料。

（二）涂料的作用

1. 保护作用

涂料具有保护物体免受大气侵蚀的作用。一些容易造成腐蚀的材料，如木头、铁制品或者是建筑墙面、地面或外墙，如果暴露在大气环境中会遭受各种腐蚀因素的侵蚀，用涂料进行涂刷后，可以达到耐腐蚀、耐酸碱、耐摩擦的效果，从而延长物体的使用寿命（图 13–2）。一些防火涂料、防水漆、防锈漆等特种涂料不仅具有保护建筑和装饰的作用，还能达到一些特殊功效（图 13–3）。例如我们会在卫生间的地面刷防水漆，以达到防水的作用；在精装修的木作上刷防火涂料以达到防火、阻燃的作用；对槽钢、角钢等铁质制品会刷防锈漆，进行防腐处理。

2. 装饰作用

涂料具有光亮、美观、鲜明艳丽、色泽悦目的特点。通过涂饰可以改变原有物体底层材料的外观，赋予其绚丽灿烂的色彩、不同的光泽、丰富的质感、表面花纹等美观和装饰效果，满足用户日益多样化和个性化的需求。例如，墙绘艺术就是一种以水性涂料为主要装饰材料的新型室内装饰艺术形式，通过搭配不同颜色的油漆，充分发挥艺术家的造型能力和艺术表现能

图 13–2 刷防锈漆的钢材

图 13-3　刷防火涂料的木龙骨

力，更加符合当代人的审美观，成为室内装饰的重要表现手段。

二、涂料的分类

建筑中涂料的品种很多，选用时应根据建筑物的使用功能、墙体周围环境、墙身不同部位，以及施工和经济条件等，选择附着力强、耐久、无毒、耐污染、装饰效果好的涂料。用于外墙面的涂料，应具有良好的耐久、耐冻、耐污染性能。内墙涂料除应满足装饰要求外，还需有一定的强度和耐擦洗性能。炎热多雨地区选用的涂料，应有较好的耐水性、耐高温性和防霉性。寒冷地区则对涂料的抗冻融性及成膜温度有要求。

除按标准分类外，还可以按其他方法进行分类，具体如下：

（1）按涂料的形态可以分成水性涂料（图 13-4）、溶剂性涂料、粉末涂料、高固体分涂料等。

图 13-4　水性涂料

（2）按涂料的用途可以分成建筑涂料、罐头涂料、汽车涂料、飞机涂料、家电涂料、木器涂料、桥梁涂料、塑料涂料、纸张涂料等。

（3）按涂料的功能可以分成装饰涂料、防腐涂料、导电涂料、防锈涂料、耐高温涂料、示温涂料、隔热涂料等。

第二节　常用的建筑装饰涂料

建筑装饰涂料与其他饰面材料相比，具有重量轻、色彩鲜明、附着力强、施工简便、省工省料、维修方便、质感丰富、价廉质好以及耐水、耐污染、耐老化等特点，具体可以从内墙和外墙两个层面进行区分。

一、内墙涂料

内墙涂料的主要功能是装饰及保护室内墙面、天棚，使其美观整洁，从而营造舒适的生活环境。内墙涂料具有以下性能：色彩丰富细腻，耐碱、耐水、耐粉化性好，吸湿排湿、透气性好，涂刷方便、重涂性好，无毒、无污染（图 13-5）。

图 13-5　室内涂料

（一）刷浆材料

刷浆材料是我国传统的内墙装饰材料，能够有效保护墙体、美化环境。

（1）石灰浆。又称石灰水，石灰水中存在较多未溶解的熟石灰时，就称为石灰乳或石灰浆。建筑上常常用石灰浆粉刷墙壁，是一种最简便的内墙涂料。缺点是颜色单调，容易泛黄及脱粉。

（2）大白浆。遮盖力较高，价格便宜，施工及维修方便，是一种常用的低档内墙涂料。

（3）可赛银。是以碳酸钙和滑石粉等为填料，以酪素为胶黏剂，掺入颜料混合而制成的一种粉末状材料，也称酪素涂料。其附着力、耐磨性、颜色的均匀性都优于大白浆，适用于室内墙面刷浆。

（二）乳胶漆

乳胶漆又称合成树脂乳液涂料，属于一种有机水性涂料，是目前比较流行的内外墙建筑装饰涂料。一般用于室内墙面装饰，但不宜用于厨房、卫生间、浴室等潮湿墙面（图 13–6）。

图 13–6 内墙乳胶漆

1. 特性

（1）覆遮性：覆遮性和遮蔽性是高质量乳胶漆的性能组成部分。

（2）附着力和易清洗性：良好的附着力能避免出现裂缝和瑕疵，易清洗性确保了光泽和色彩的保持。

（3）适用性：适用性好的乳胶漆在操作过程中不会引起气泡四处流溢等现象。

（4）防水功能：防水功能好的乳胶漆还具有良好的抗碳化、抗菌、耐碱性能。

（5）可弥盖细微裂纹：弹性乳胶漆具有特殊的“弹张”功能。

2. 表面特征的鉴别

（1）哑光漆：无味无毒、遮盖力高、耐洗刷性好、附着力强、耐碱性好、安全环保、施工方便、流平性好，适用于工矿企业、机关学校、安居工程、民用住房等。

（2）丝光漆：具有丝绸光泽、遮盖力高、附着力强、抗菌、防霉性极佳、耐水耐碱性好，适用于医院、学校、宾馆、饭店、住宅楼、写字楼、民用住宅等。

（3）有光漆：色泽纯正、光泽柔和、附着力强、干燥快、耐候性好、遮盖力高、耐水防霉性好。

（4）高光漆：遮盖力极高、附着力高、耐洗刷性好、防霉抗菌性好、涂膜耐久性好，适用于高档豪华宾馆、寺庙、公寓、住宅楼、写字楼等。

（三）水溶性内墙涂料

水溶性内墙涂料是以水溶性化合物为基料，加入适量的填料、颜料和助剂，经过研磨、分散后制成的，属低档涂料，可分为 I 类和 II 类。

常用的水溶性内墙涂料包括聚乙烯醇水玻璃内墙涂料、聚乙烯醇缩甲醛内墙涂料和改性聚乙烯醇系内墙涂料。

（四）多彩内墙涂料

多彩内墙涂料简称多彩涂料，是一种国内外较为流行的高档内墙涂料，它是经一次喷涂即可获得具有多种色彩的立体涂膜的涂料。适用于建筑物内墙和顶棚水泥、混凝土、砂浆、石膏板、木材、钢、铝等多种基面的装饰。

二、外墙涂料

外墙涂料的主要功能是装饰和保护建筑物的外墙，使建筑物外观整洁美观，达到美化环境的作用，延长其使用时间。其特点有装饰性好、耐水性好、耐候性好、耐污性强。

（一）乳液型外墙涂料

以高分子合成树脂乳液为主要成膜物质的外墙涂料称为乳液型外墙涂料（图 13–7）。

乳液型外墙涂料的主要特点有：

（1）以水为分散介质，涂料中无有机溶剂，因而不会污染环境，不易燃，对人体的毒性小。

图 13–7　外墙乳胶漆

（2）施工方便，可刷涂、滚涂、喷涂，施工工具可以用水清洗。

（3）涂料透气性好，且含有大量水分，可在稍湿的基层上施工，非常适宜在建筑工地应用。

（4）耐候性良好，尤其是高质量的丙烯酸酯外墙乳液涂料，其光亮度、耐候性、耐水性及耐久性等可以与溶剂型丙烯酸酯类外墙涂料媲美。

乳液型外墙涂料存在的主要问题是其在太低的温度下不能形成优质的涂膜，通常必须在 10℃以上施工才能保证质量，因而冬季一般不宜应用。

（二）溶剂型外墙涂料

溶剂型涂料是以高分子合成树脂为主要成膜物质，有机溶剂为稀释剂，加入一定量的颜料、填料及助剂，经混合、搅拌溶解、研磨而配制成的一种挥发性涂料。

由于涂膜较紧密，通常具有较好的硬度、光泽、耐水性、耐酸碱性、耐候性、耐污染性等优点。

缺点是在施工过程中有大量有机溶剂挥发，容易污染环境，漆膜透气性差，又有疏水性，若在潮湿基层上施工，易产生起皮、脱落等现象。目前国内外这类外墙涂料的用量低于乳液型外墙涂料，使用较多的有丙烯酸酯外墙涂料。

（三）无机硅酸盐外墙涂料

无机硅酸盐外墙涂料是以碱金属硅酸盐或硅溶胶为主要成膜物质，加入填料、颜料、助剂等配制而成的建筑外墙涂料（图 13–8）。

图 13–8　外墙真石漆

1. 分类

按主要成膜物质的不同分为两类：一类是碱金属硅酸盐，一类是硅溶胶。具有耐老化、耐高温、耐腐蚀、耐久、耐磨、涂膜硬度大等特点，若选材合理，耐水性能也好，原材料来源广泛，价格便宜，近年来受到国内外普遍重视，发展较快。广泛用于住宅、办公楼、商店、宾馆等的外墙装饰，也可用于内墙和顶棚等的装饰。

2. 特征

（1）以水为分散介质，无毒、无臭，不污染环境。

（2）施工性能好，宜于刷涂、喷涂、滚涂和弹涂，工具可用水清洗。

（3）涂料对基层渗透力强，附着性好。

（4）遮盖力强，涂刷面积大。

（5）涂膜细腻，颜色均匀明快，装饰效果好。涂膜致密、坚硬，耐磨性好，可用水磨砂纸打磨抛光。

（6）涂膜不产生静电，不易吸附灰尘，耐污染性好。

（7）涂膜以硅溶胶为主要成膜物质，具有耐酸、耐碱、耐沸水、耐高温等性能，且不易老化，耐久性好。

（8）原材料资源丰富，价格较低。

三、地面涂料

地面涂料的主要功能就是装饰和保护地面，使地面清洁美观，同时结合内墙面、顶棚及其他装饰，创造优雅的环境。为了获得良好的装饰效果，地面涂料应具有以下特点：耐碱性好、耐水性好、耐磨性好、抗冲击力强、硬度高、黏结力强、施工方便及价格合理等（图 13–9）。地面涂料的分类如下：

图 13–9 水性地板漆

（一）木地板涂料

木地板涂料又称地板漆，它的品种较多，一般只用作木地板的保护，耐磨性差。各种地板漆的性能和用途见表 13–1。

表 13–1 地板漆的性能和用途

名称	性能及特点	适用范围
聚氨酯清漆	耐水、耐磨、耐酸碱、易洗净；漆膜美观、光亮、装饰性好	防酸碱、耐磨损的模板表面，运动场体育馆地板，混凝土地面
酯胶磁漆（地板清漆T80—1）	易干、涂膜光亮坚韧，对金属附着力强，有一定的耐水性	室内外不常暴晒的木材或金属
钙酯地板漆	漆膜坚硬、平滑光亮、干燥较快、耐磨性好，有一定的耐水性	适用于显露木质纹理的地板、楼梯、扶手、栏杆等
紫红酚醛地板漆	干燥迅速、遮盖力强、附着力强、耐磨和耐水性好	适用于木质地板、楼梯、扶手、栏杆

（二）过氯乙烯地面涂料

过氯乙烯地面涂料属于溶剂型地面涂料。溶剂型地面涂料系以合成树脂为基料，掺入颜料、填料，各种助剂及有机溶剂配制而成的一种地面涂料。该类涂料涂刷在地面上以后，随着有机溶剂挥发而成膜硬结。

该涂料的特点有耐水性好、耐磨性较好、耐化学腐蚀性强、干燥快、重涂性好、施工方便等。由于含有大量易挥发、易燃的有机溶剂，因此在配制涂料及涂刷施工时应注意防火防毒。

（三）环氧树脂涂料

环氧树脂涂料是以环氧树脂为主要成膜物质的双组分常温固化型涂料。特点有涂膜坚韧、耐磨、耐化学腐蚀、耐油、耐水、耐老化、耐候、耐久等良好性能，黏结力强，装饰效果好，施工复杂，而且施工时应注意通风、防火、地面含水率不大于 8%。

（四）聚醋酸乙烯水泥涂料

聚醋酸乙烯水泥涂料是由聚醋酸乙烯水乳液、普通硅酸盐水泥及颜料、填料配制而成的一种地面涂料。可用于新旧水泥地面的装饰，是一种新颖的水性地面涂布材料。其形成的涂层具有优良的耐磨性、抗冲击性，色彩美观大方，表面有弹性，外观类似塑料地板，对人体无毒害，早期强度高，与水泥地面基层的黏结牢固，原材料来源丰富，价格便宜，配制工艺简单。适用于民用住宅室内地面的装饰，亦可取代塑料地板或水磨石地坪，用于某些实验室、仪器装配车间等地面，涂层耐久性约为 10 年。

四、功能性建筑涂料

具有特殊功能的涂料称为功能性建筑涂料，如防水涂料、防火涂料、建筑保温隔热涂料、防霉防腐涂料、耐温耐湿涂料等。功能性建筑涂料是建筑涂料的重要组成部分，随着现代涂料的发展，性能不断提高，用途不断拓宽，也将应用到各个方面。其中防火涂料、防水涂料用量较大，以下逐一介绍。

（一）防火涂料

防火涂料又称阻燃涂料，是一种涂刷在建筑物某些易燃材料表面能提高其耐火能力，给人们提供一定灭火时间的涂料（图 13–10）。

图 13-10 天棚木作防火涂料处理

防火涂料根据防火原理分为非膨胀型防火涂料和膨胀型防火涂料两种。

（1）非膨胀型防火涂料是由不燃性或难燃性合成树脂，难燃剂和防火填料组成，其涂层不易燃烧。

（2）膨胀型防火涂料是在上述配方基础上加入成碳剂、脱水成碳催化剂、发泡剂等成分制成，涂层在高温下会发生膨胀，形成比原涂料厚几十倍的泡沫状碳化层，能有效地阻挡高温对基材的传导作用，从而阻止燃烧进一步扩展。其阻止燃烧的效果优于非膨胀型防火涂料。

（二）防水涂料

防水涂料是指形成的涂膜能够防止雨水或地下水渗漏的一类涂料。按其状态可分为溶剂型、乳液型和反应固化型三类（图 13-11）。

（1）溶剂型防水涂料是以各种高分子合成树脂溶于溶剂中制成的防水涂料，干燥快速，可低温操作施工。

（2）乳液型防水涂料是应用最多的涂料，它以水为稀释剂，有效降低了施工污染、毒性和易燃性。

（3）反应固化型防水涂料是以化学反应型合成树脂（如聚氨酯、环氧树脂等）配以专用固化剂制成的双组分涂料，是具有优异防水性、变形性和耐老化性能的高档防水涂料。

图 13-11 一种防水涂料

第十四章 低碳建筑装饰材料

第一节 “碳达峰”和“碳中和”对建筑装饰行业的影响

一、“碳达峰”和“碳中和”的概念

“碳达峰”是指某个地区或行业年度二氧化碳排放量达到历史最高值，然后经历平台期进入持续下降的阶段，是二氧化碳排放量由增转降的历史拐点，标志着碳排放与经济发展实现脱钩。“碳中和”是指国家、企业、产品、活动或个人在一定时间内直接或间接产生的二氧化碳排放总量，通过植树造林、节能减排等形式，以抵消自身产生的二氧化碳排放量，实现正负抵消，达到相对“零排放”。习近平总书记在中国共产党第二十次全国代表大会上的报告提出“实现碳达峰碳中和是一场广泛而深刻的经济社会系统性变革……推进工业、建筑、交通等领域清洁低碳转型”。“碳达峰”“碳中和”（简称“双碳”）目标是我国高质量发展的路径选择。

二、“双碳”目标下建筑装饰行业的发展方向

据国家发布的《2050 年中国能源和碳排放报告》显示，建筑领域用能占国家总耗能比例 20% 以上，仅次于工业和交通，排第三位。建筑业实现“碳达峰、碳中和”的减碳标准是国家节能减排的重要一环，绿色低碳节能的建筑装饰材料也成为建筑业的新风向。

（一）发展绿色建筑装饰材料

目前建筑室内外装修领域仍存在着高耗能材料的使用，难以形成绿色装饰材料产业链的“碳达峰、碳中和”的减碳标准。应该从装饰材料的源头开始，大力支持新型环保材料、多功能复合材料、高效节能的装饰材料的发展。

（二）提倡低碳建筑装饰构造

在装饰构造设计与施工的过程中，需充分认识各类材料的应用功能，减少材料加工过程中能源与资源的不合理消耗，从而保证装饰环境的安全、和谐与稳定，建立优质建材行业发展结构，实现“双碳”目标。

（三）推行建筑装饰的工业化

推动建筑装饰结构件、部件的标准化，丰富标准件的种类，提高通用性和可置换性。避免建筑施工过程中的手工制作，以标准化、系列化的形式使装饰施工这一领域逐步向集约型、绿色化的方向发展，进一步提高建筑工程的装饰效率，实现装饰材料的工业化生产。

第二节 常见的低碳建筑装饰材料

一、智能调光玻璃

（一）智能调光玻璃简介

调光玻璃是一款将 TFT 液晶膜复合进两层玻璃中间，经高温高压胶合后一体成型的夹层结构的新型特种光电玻璃产品。使用时通过控制电流的通断与否控制玻璃的透明与不透明状态。玻璃本身不仅具有一切安全玻璃的特性，同时又具备控制玻璃透明与否的隐私保护功能，由于液晶膜夹层的特性，调光玻璃还可以作为投影屏幕使用，替代普通幕布，在玻璃上呈现高清画面图像，使用功能更加多样（图 14–1）。

（二）智能调光玻璃应用原理

具体的应用原理是：当调光玻璃关闭电源时，电控调光玻璃里面的液晶分子会呈现不规则的散布状态，此时电控玻璃呈现透光而不透明的外观状态；当给调光玻璃通电后，里面的液晶分子呈现整齐排列，

光线可以自由穿透，此时调光玻璃瞬间呈现透明状态。

图 14–1 智能调光玻璃

（三）智能调光玻璃特点

（1）具有隐私保护功能，可根据自身需求来控制玻璃的透明度。

（2）具有投影功能，可用于办公区域、会议室、监控室隔断。

（3）具有安全玻璃的优点。抗打击性强，可以防止玻璃碎后飞溅。

（4）环保。可隔热、阻挡大量红外线和紫外线、保护室内陈设、保护室内人员不受紫外线直射而引起的疾病。

以上的优点决定了其可应用于阳光飘窗、室内隔断、室内影院、卫浴以及商场、银行等。基于以上性能，智能调光玻璃这种新型材料为设计解决了许多问题，也丰富了设计方法和设计形式。

二、中空玻璃

中空玻璃是由两片或两片以上的平板玻璃原片构成，四周用高强度气密性复合胶黏剂将玻璃及铝合金框和橡皮条、玻璃条黏结、密封，中间充入干燥气体的一种玻璃制品。还可以涂上各种颜色或不同性能的薄膜，框内充以干燥剂以保证玻璃原片间空气的干燥度（图 14–2）。

中空玻璃原片可以采用普通平板玻璃、浮法玻璃、钢化玻璃、夹层玻璃、压花玻璃和夹丝玻璃等。中空玻璃在寒冷地区、炎热地区均可适用，被广泛应用于宾馆、住宅、医院、商场、写字楼等建筑门窗，同时也用于车船等交通工具。因中空玻璃具有很好的隔声效果，也适合医院、疗养院等需要安静的场所（图 14–3）。

图 14–2 中空玻璃

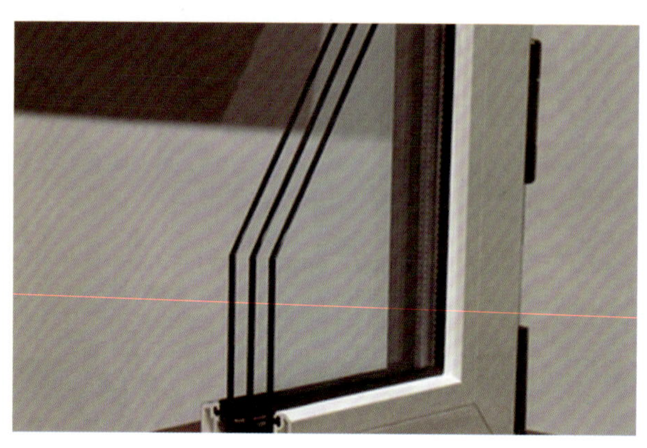

图 14–3 三层中空玻璃的内部结构

三、硅藻泥环保涂料

硅藻泥是一种纯天然无机材料的新型天然的环保涂料，本身无任何污染，无异味，可以替代乳胶漆和壁纸，适用于别墅、酒店、家居、公寓、医院等内墙装饰。

硅藻泥具有天然环保、手工工艺、调节湿度、净化空气、防火阻燃、吸音降噪、保温隔热、保护视力、墙面自洁、超长寿命等多种特性和功能，是乳胶漆和壁纸等传统装饰材料无法比拟的（图 14–4）。

图 14–4 硅藻泥

一般来说，如果无人为损坏，无水淋，硅藻泥至少可以使用 20 年，而普通乳胶漆和壁纸寿命却只有 3~5 年，甚至更短时间便会出现裂痕、翘边、脱落、褪色等各种问题。由于硅藻土吸湿性强，耐水性较差，目前应用于外墙的并不多。

1. 硅藻泥的优点

（1）环保性。

硅藻泥主要由天然的硅质沉积岩组成，不含有毒的添加剂，是低碳环保的墙面装饰材料。硅藻泥产品具备独特的“分子筛”结构，具有极强的物理吸附性和离子交换功能，可以有效去除空气中的游离甲醛、苯、氨等有害物质及因宠物、吸烟、垃圾所产生的气味，净化室内空气。这种物理吸附类似于活性炭的吸附，但同时也具有化学分解功效。

（2）可塑性。

与其他装饰类涂料相比，硅藻泥具有较强的可塑性。设计师可根据客户的需求和喜好，塑造具有不同立体效果的装饰造型。而且硅藻泥可以做出各种颜色的肌理，饰面肌理丰富，色彩柔和，效果亲切自然，质感生动真实，具有很强的艺术感染力。

（3）调湿性。

硅藻土具有特殊多孔性构造，孔隙率达 80%~95%，单位体积硅藻土的孔隙数是活性炭的 5000~6000 倍。硅藻泥可以随着不同季节和早晚室内空气温湿度的变化来吸收或释放空气中的水汽，自动调节室内空气湿度，达到相对平衡，从而避免过度潮湿或干燥所带来的不适，同时防止结露，减少发霉和静电产生。

（4）降噪性。

由于硅藻泥是采用天然矿物质合成的，自身具有多孔结构，其空隙能够有效降低室内噪声，减少因高频音段对人身体造成的伤害。

（5）保温性。

硅藻泥的热导率很低，具有良好的保温隔热性能，其隔热效果是同等厚度水泥砂浆的 5~7 倍。如果既想省电节能，又想冬暖夏凉，那么硅藻泥是理想的保温隔热材料。

（6）柔和性。

硅藻泥表面疏松多孔，利于产生漫反射，能有效降低光的折射率，所以色彩柔和。硅藻泥涂饰的居室，墙面反射光线自然柔和，不容易引起视觉疲劳，能够有效保护视力，尤其对保护儿童视力效果显著。而乳胶漆表面平整如镜，往往光泽较高，对光的折射率较强，故色彩锐利，容易导致视觉疲劳，损害视力。

2. 硅藻泥的缺点

尽管硅藻泥存在着天然环保和性能优越等优点，但硅藻泥产品本身也是有缺陷的，其主要表现在耐水性差，不耐擦洗，硬度不足，不适合过于潮湿的环境使用等。

（1）耐水性差。

硅藻泥最大的缺陷就是耐水性差，属于水溶性装饰材料，因此不耐擦洗。目前只适用于别墅、餐厅、私人会所、家庭等内墙干区环境使用，不适用于卫生间、厨房或室外公共场合等水可以直接接触或浸淋的地方。

（2）硬度不足。

由于硅藻泥材料的多孔结构特征，其硬度明显不足。如果有磕碰现象就会出现凹陷和损坏。所以，在设计时只能用在人活动无法触及的位置，例如，墙面、天棚等位置，增加其硬度还是未来硅藻泥发展的趋势。

3. 硅藻泥、乳胶漆和壁纸三者的比较（见图 14–5 和表 14–1）

更多低碳建筑装饰材料请扫码阅览

图 14–5 硅藻泥、乳胶漆和壁纸三者的比较

表 14–1 三种装饰材料的性能比较

特性与功能	硅藻泥	乳胶漆	壁纸
天然环保	由硅藻土等天然材料组成，无毒无害	大部分产品 VOC 较多，刺激性气味大	有甲醛、苯系物等多种有害物质，刺激性气味大
手工工艺	工艺多样，肌理丰富，造型齐全，有立体感，艺术感染力强	单一平面，对于中高档乳胶漆颜色可调	单一平面，图案丰富
调节湿度	调节室内湿度，表面不会结露	否，表面易结露，引起鼓泡、起皮、剥落。硅藻乳胶漆调节能力有限	否，表面易结露，引起鼓泡、翘边
净化空气	可吸附分解空气中甲醛等有害气体，释放负氧离子，杀菌除臭，净化空气	否，个别高档乳胶漆有抗甲醛功效	否
防火阻燃	无机原材料，不燃，耐高温，发生火灾时不产生任何有害气体	有普通和防火两种，遇火灾时均产生有害烟雾	有普通和防火两种，但两种遇火灾时均产生有害烟雾
吸声、降噪	自身疏松多孔，吸音功效显著	差	很差
保温隔热	热导率低，具有良好的保温隔热性能	很差	否
保护视力	色彩柔和自然，不易引起视觉疲劳，保护视力	色彩锐利，容易引起视觉疲劳，损害视力	色彩锐利，容易引起视觉疲劳，损害视力
墙面自洁	不产生静电，不易落尘，污渍易擦除	易产生静电，耐沾污差	易产生静电，耐沾污差
使用寿命	20~30 年，无机材料，经久耐用	3~5 年，有机材料，易褪色、泛黄、开裂、起皮、剥落	3~5 年，有机材料，易褪色、泛黄、翘边

第二篇
建筑装饰构造

第十五章　地面装饰构造

建筑装饰材料涉及装饰工程中的方方面面，学生不仅要掌握装饰材料的品种、性能和应用，而且还应该深入了解装饰材料的构造。

装饰构造是指装饰材料与构件的制作和安装等施工做法的总和。学习装饰构造有助于丰富环境设计专业知识，提高专业水平。

装饰工程涉及建筑物的室内外各个部位，主要以地面、墙面、顶棚三大界面进行区分。

第一节　地面装饰构造概述

一、地面装饰构造

地面装饰构造主要是指地面和楼面的面层装饰构造。地面装饰部位在实际的设计中需要承受人、家具、设备传递的压力，会产生一定的磨损，而且在装饰设计中占有较大比重。地面是建筑物的底层地面和楼层地面的总称。地面装饰主要由基层（结构层）、中间层和面层组成（图 15–1）。

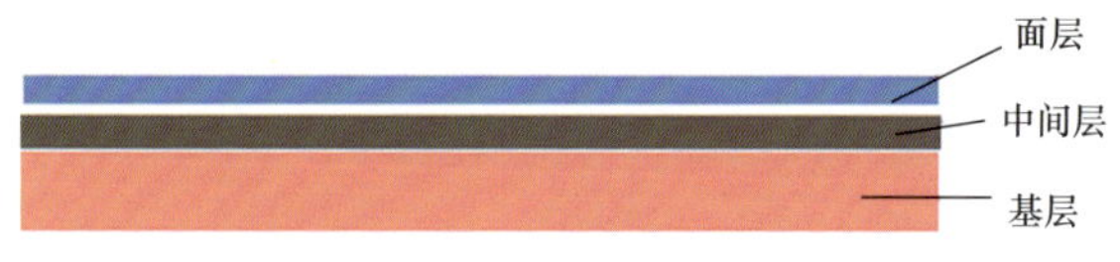

图 15–1　地面装饰结构

二、地面装饰构造的设计要求

（一）承受一定的重力

地面装饰构造须承受人、家具、设备、交通工具等的压力。要求地面装饰材料和构造需满足荷载要求，以免产生破碎、变形等问题。

（二）满足经久耐用的要求

地面装饰构造长时间使用，与地面直接摩擦，材料的性能和装饰结构决定其耐久性。应选用具备一定的硬度、坚固耐磨的材料。

（三）满足防水的要求

地面装饰构造设计许多防水部位，如卫生间、厨房地面、室外广场地面等。在构造设计时应充分考虑其防水需要，起到防水保护的作用（图 15–2）。

图 15–2　花岗岩地面铺装

三、地面装饰构造的分类

（1）地面装饰装修可以分为多种类型。按面层材料的不同，可分为水泥砂浆地面、地砖地面、木地面、大理石与花岗岩地面、地毯地面等。

（2）按构造和施工方式不同，又可分为整体式地面（如水泥砂浆地面、水磨石地面、细石混凝土地面）、板块式地面（如瓷砖地面、大理石地面）、卷材式地面（如地毯、塑料地毡）。

第二节　常见的地面装饰构造

一、大理石与花岗岩地面装饰构造

（1）大理石和花岗岩是从天然岩体中开采出来，

并加工成块材或板材，再经过粗磨、细磨、抛光、打蜡等工序，加工成各种不同质感的高级装饰材料，常用于公共建筑大堂、大厅、办公室等标准较高的场所。大理石和花岗岩属于两种不同材质的石材。花岗岩比大理石在硬度、耐磨度上都要高，加工难度相对较大。但是在装饰构造上二者没有太大的区别。

（2）大理石、花岗岩地面板材厚度一般为20~30mm，由于材质不同，大理石在成品板材上比花岗岩要厚。规格尺寸一般为300mm×300mm、600mm×600mm、800mm×800mm。根据不同装饰要求，还可采用矩形规格。

（3）其构造做法是：先清扫基层表面，湿润，保证粘贴牢固；再在基层上抹30mm厚干硬性水泥砂浆；整平后在干硬性水泥砂浆上刷一层素水泥浆，可提高黏结强度；最后，铺大石板，勾缝（图15-3）。

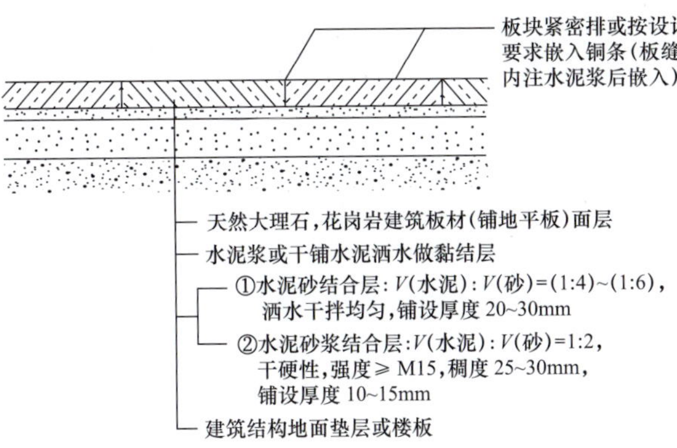

图15-3 石材板块地面铺贴构造

二、瓷砖地面装饰构造

通常说的板块料楼地面是指以瓷质抛光砖、瓷砖、仿古砖、大理石板、花岗石板等板材铺砌的地面。其特点是花色品种多样，经久耐用，易于保持清洁，且施工速度快。

（一）找平层

找平层是面层与结构层的过渡层，其作用主要是解决结构层表面的平整度问题，以使之符合铺装陶瓷地面的平整要求。

（二）黏结层

黏结层用以保证找平层和面层之间的牢固黏结。

（三）面层

面层的构造，主要是处理好板与板之间的接缝设计问题，既要考虑视觉效果，也要考虑地砖尺寸的精度和操作工艺（图15-4）。

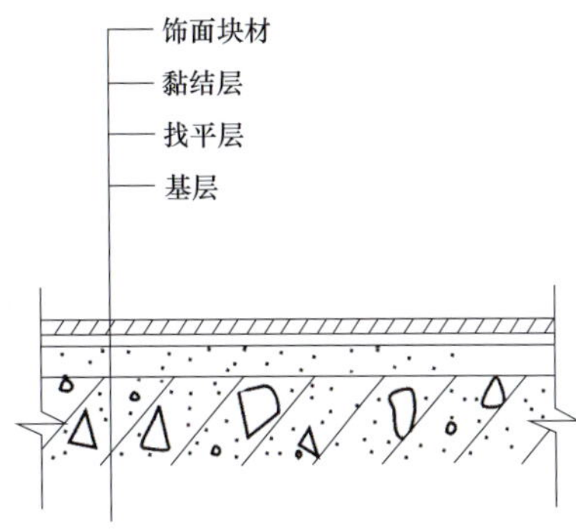

图15-4 瓷砖地面装饰构造

三、架空式实木木地板装饰构造

（一）传统的架空式实木木地板装饰构造

传统的架空式木地面基层包括地垄墙（或砖墩）、垫木、搁栅、剪刀撑及毛地板等几个部分。地垄墙一般采用红砖砌筑。垫木的厚度一般为50mm。木搁栅的作用是固定和承托面层。剪刀撑布置于木搁栅之间。

（二）现代的架空式实木木地板装饰构造

现代有一种简易常用架空式木地板构造，适用于普通的居室装修。面层材料选用实木或者复合木地板，基层为细木工板或九厘板，垫木为木龙骨，木龙骨间距为300~400mm，刷防火涂料和防腐油（图15-5）。

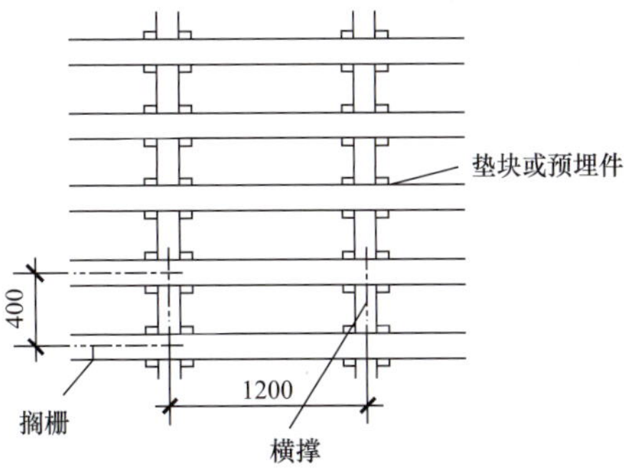

图15-5 木龙骨地面装饰构造

四、直铺式木地板装饰构造

（一）直铺式木地板装饰构造简介

直铺式木地板是利用胶或木地板插口，直接将木地板粘贴或固定在地面上。粘贴采用的胶黏剂有石油沥青、聚氨酯、聚醋酸乙烯乳胶等。固定木地板的拼缝形式一般有四种，即企口缝、平头接缝、裁口缝和错口缝。另外，在一些较为高档的做法中，还有板条接缝等形式。直铺式适合复合木地板、强化木地板的安装。

（二）直铺式木地板装饰构造做法

胶黏剂铺贴木地板：铺贴时，先处理好基层，表面应平整、洁净、干燥。在基层表面和拼花木地板背面分别涂刷胶黏剂，其厚度：基层表面控制在 1 mm 左右，地板背面控制在 0.5mm 左右，待胶表面稍干后（不粘手时）即可铺贴就位，并用小锤轻敲，使地板与基层粘牢，对溢出的胶黏剂应随时擦净。刚铺贴好的木板面应用重物加压，使之黏结牢固，防止翘曲、空鼓（图 15-6）。

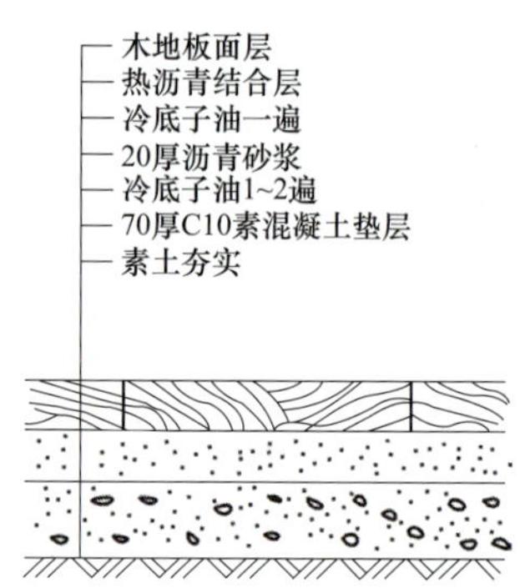

图 15-6 直铺式木地板装饰构造

五、地毯装饰构造

地毯装饰构造做法可以分为固定式铺粘和活动式铺粘两种，如图 15-7 所示。下面主要介绍地毯装饰构造的操作要点：

1. 清理基层

（1）铺设地毯的基层要求具有一定强度。

（2）基层表面必须平整干燥、无凹坑、麻面、裂缝、清洁干净，有油污要用丙酮清除，高低不平处应预先用水泥砂浆填嵌平整。

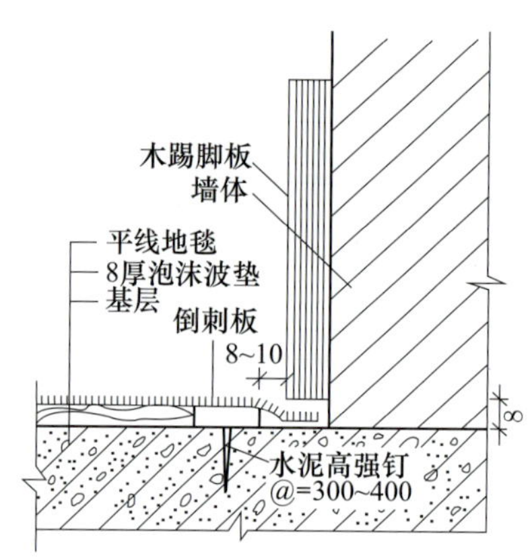

图 15-7 地毯铺设构造图

（3）木地板上铺设地毯，应将钉敲下，突出物铲除，以免损坏地毯。

2. 裁剪地毯

（1）根据房间尺寸和形状，用裁边机从长卷上裁下地毯。

（2）每段地毯的长度要比房间长度大约 20mm。

3. 钉木卡条和门口压条

（1）采用木卡条（倒刺板）固定地毯时，应沿房间四周靠墙脚 10~20mm 处，将卡条固定于基层上（图 15-8）。

（2）收边的处理，为了不使地毯被踢起和边缘受损，达到美观、挺直的效果，用铝合金卡条、锑条固定，地毯铺至墙边，除用倒刺板固定外，应用踢脚板对棋手口处理。

（3）卡条和压条可用钉条、螺丝、射钉固定在基层上。

4. 接缝处理

（1）地毯采用背面接缝。将地毯翻过来，使两条缝平接，用线缝好后刷白胶，贴上纸。缝线应较紧，针脚不必太密。

（2）也可用胶带接缝的方法。先将胶带按地面上的弹线铺好，两端固定，将两侧地毯的边缘压在胶带上，然后用电熨斗在胶带上面熨烫，使胶质熔解，随着熨斗的移动，用扁铲在接缝处碾压平实，使之牢固地连在一起。

（3）不同的材质地面与地毯结合使用时，为防止地毯接缝出现起翘或参差不齐的现象，铺贴时应采用不同的成品挂条、压条做好构造处理（图 15-9~ 图 15-13）。

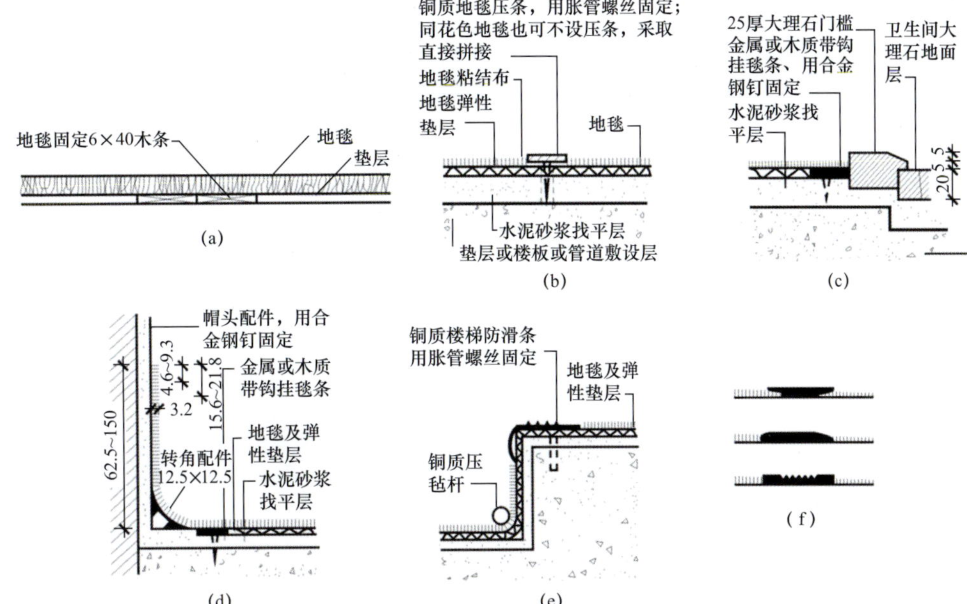

图 15-8　地毯装饰细部构造图

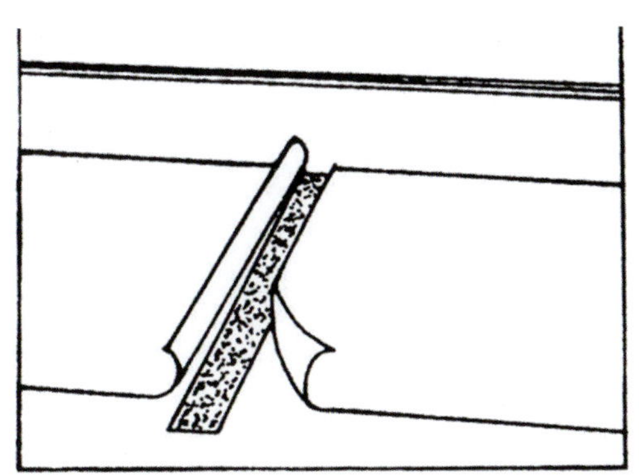
图 15-9　地毯接缝处理方法

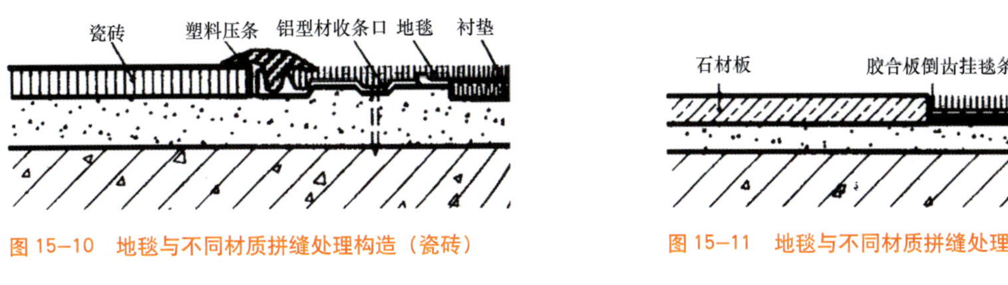

图 15-10　地毯与不同材质拼缝处理构造（瓷砖）

图 15-11　地毯与不同材质拼缝处理构造（大理石）

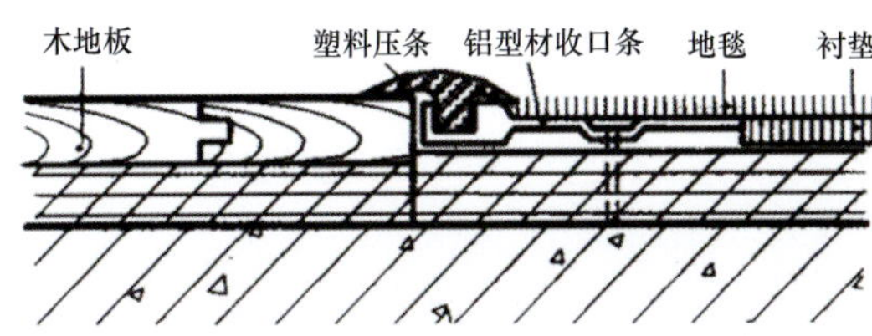

图 15-12　地毯与不同材质拼缝处理构造（木地板）

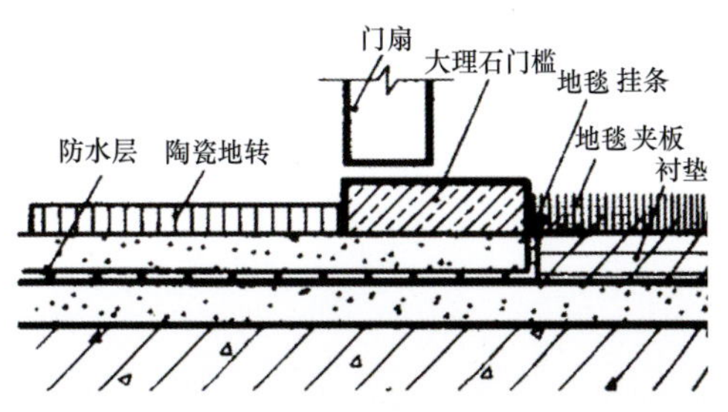

图 15-13　地毯与不同材质拼缝处理构造（大理石）

5. 铺接方法

(1)用张紧器将地毯在纵横方向逐段推移伸展，使之拉紧，平铺地毯，以保证地毯在使用过程中遇到一定的推力而不隆起。

(2)用张紧器把地毯四周挂在卡条上或铝合金条上固定。

6. 修理清理

地毯完全铺好后，用搪刀裁去多余部分，并用扁铲将边缘塞入卡条和墙壁之间的缝中，用吸尘器吸去灰尘。

六、活动地板装饰构造

(一)活动地板装饰构造简介

活动地板也称为装配式地板，或称为活动夹层地板，这是一种架空式装饰地面。活动夹层地板具有抗静电性能，配以缓冲垫、橡胶条及可调节的金属支架，安装和维修极为便利。板下空间可用于敷设管道。活动夹层地板常用于对静电有限制要求的空间。

(二)活动地板装饰构造做法

活动地板与基层地面或楼面之间所形成的架空空间，其高度可根据设计要求而确定，一般为250~1000mm。这个架空的空间不仅可以满足敷设纵横交错的电缆、线路和管道的需要，而且通过设计，在架空地板的适当部位可以设置通风口，即安装通风百叶或设置通风型地板，以满足静压送风等空调方面的要求。一般的活动地板具有重量轻、强度大、表面平整、尺寸稳定、面层质感好、装饰效果佳等优点，并具有防火、防虫、防鼠害及耐腐蚀等性能。其防静电地板产品，尤其适用于仪表控制室、广播室、变电控制室、计算机房、电化教室、程控交换机房、洁净室、抗静电净化处理厂房及现代化自动办公场所的室内地面装饰(图 15-14)。

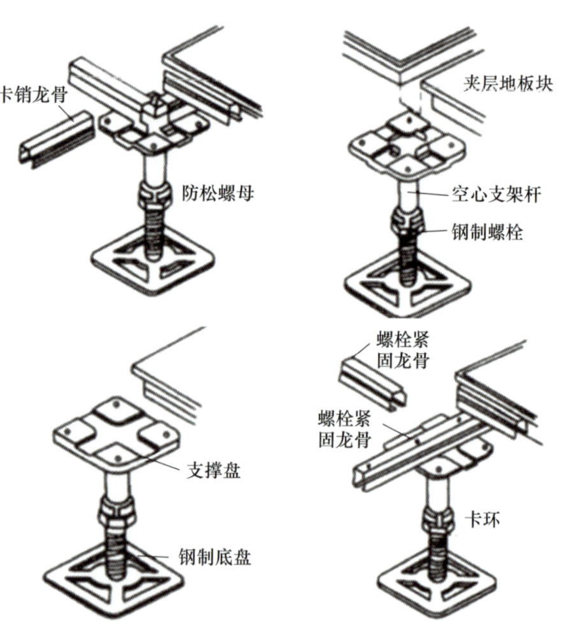

图 15-14 活动地板支架构造

第十六章　墙面装饰构造

第一节　墙面装饰构造概述

一、墙面装饰构造简介

墙面装饰构造主要是墙体面层的装饰构造。墙体在建筑空间中具有分割、承重、保温和保护隐私的作用。墙面是人的视线正视的界面，是装饰处理的重点区域（图 16–1）。

图 16–1　墙面装饰结构

二、墙面装饰构造的设计要求

（一）保护墙体

通过墙面装饰构造对墙体起到保护的作用。例如室内墙面乳胶漆、瓷砖、壁纸、木龙骨的装饰构造，室外墙面大理石、瓷砖、铝塑板、玻璃幕墙的装饰构造，都能够有效保护墙面不受外部环境的侵蚀。

（二）保温功能

墙面装饰构造还可以通过装饰材料对室内空间保温保暖。例如，采用壁纸墙面构造的房间就比乳胶漆构造的房间保温性能更好。通过在外墙铝塑板内部增加保温棉，可以对室内空间起到保温的作用（图 16–2）。

图 16–2　外墙保温、装饰功能

（三）装饰功能

墙立面是人的视觉所能感知的一个主要的面，是装饰的重点区域。可以通过木龙骨木作饰面、轻钢龙骨石膏板乳胶漆、壁纸、乳胶漆装饰构造，设计各种装饰造型，既可以改善生活环境，又可以满足人们生理及心理方面的需要。

三、墙面装饰构造层次

一般墙面装饰构造可分为基层和饰面层两部分。

（一）基层

墙面装饰构造是在建筑主墙体结构上施以面层装饰。墙面装饰构造包括墙体本身的材料基层及固定装饰面层的结构构件或骨架。如乳胶漆装饰构造包括墙体、腻子、乳胶漆三层，墙体和腻子属于基层。

（二）饰面层

饰面层是覆盖在基层表面的装饰层，所有的装饰效果都要通过它来表现。例如干挂大理石墙面的大理石板材、乳胶漆装饰构造的乳胶漆。

第二节　常见的墙面装饰构造

一、木龙骨隔墙装饰构造

（一）木龙骨隔墙

木龙骨隔墙是装饰中一种常见的设计手段。一般采用 40~60mm 的木龙骨作为主、次龙骨，形成装饰构造。木龙骨隔墙的材料主要有各种面层材料的饰面胶合板，如榉木板、柚木板、红胡桃板、黑胡桃板、枫木板等。此外还有辅助用板材，如细木工板、指接板、密度板、刨花板、木线条等。

（二）木龙骨隔墙的特征

木龙骨隔墙具有施工方便、自重轻、墙体薄、隔声性能好等功能特点，对于一些临时性的部位可以采用木龙骨隔墙作为装饰（图 16–3）。

图 16–3　木龙骨隔墙内部构造

（三）木龙骨隔墙装饰构造的要点

木龙骨架应使用规格为 40mm × 70mm 的红、白松木。立龙骨的间距一般为 450~600mm。安装沿地、沿顶木楞时，应将木楞两端伸入砖墙内至少 120mm，以保证隔断墙与原结构墙连接牢固。木骨架上可做钉胶合板、纤维板、石膏板等。木骨架与墙及楼板应连接牢固（图 16–4）。

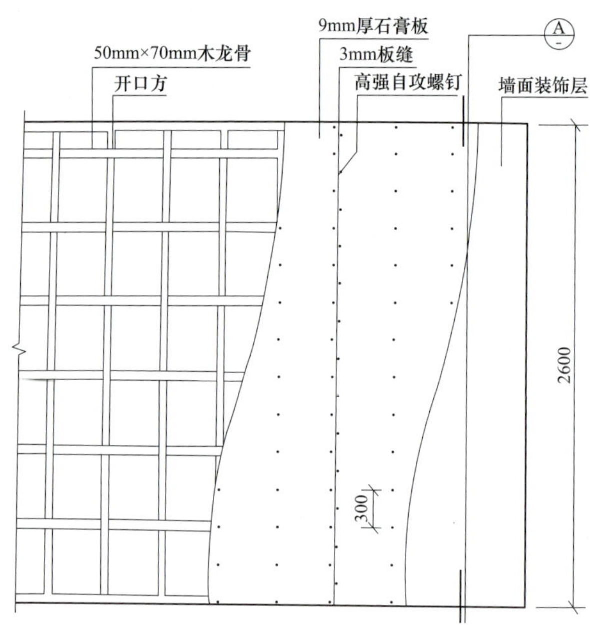

图 16–4　木龙骨隔墙构造图

二、轻钢龙骨石膏板隔断装饰构造

（一）轻钢龙骨石膏板隔断

轻钢龙骨石膏板隔断是由石膏板与轻钢龙骨相结制作成的一种隔断装饰构造。轻钢龙骨石膏板隔断质地轻盈，具有良好的隔热、吸声、阻燃等性能（图 16–5）。

图 16–5　轻钢龙骨石膏板隔断

（二）轻钢龙骨石膏板隔断操作要点

（1）板材应在自由状态下就位进行固定。

（2）纸面石膏板的长边（即包封边）应沿次龙骨铺设。

（3）纸面石膏板用自攻螺钉（直径3.5mm×25mm）固定在轻钢龙骨架的次龙骨和横撑龙骨上。钉距为150~170mm，螺钉应与板面垂直。如出现弯曲、变形的自攻螺钉，应剔除，并在相隔50mm的部位另增设钉固点。自攻螺钉与纸面石膏板边的距离：板材包封边为10~15mm；切割边为15~20mm（图16–6）。

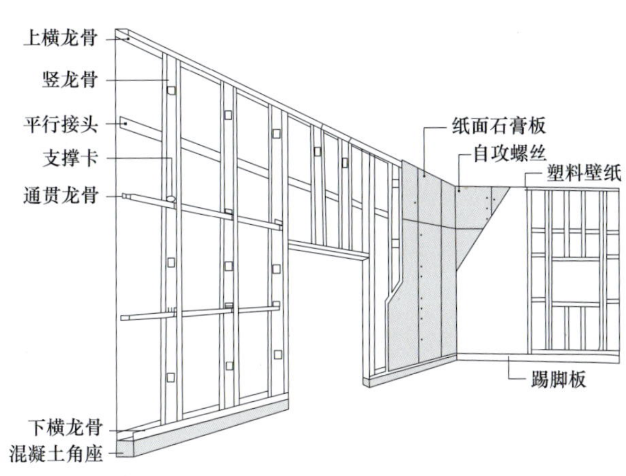

图16–6　轻钢龙骨石膏板隔断示意图

（4）安装双层石膏板时，面层板与基层板的接缝应错开，不得在同一根龙骨上接缝，接缝至少错开300mm。

（5）铺钉纸面石膏板时，应从每块板的中间向板的四边顺序固定，不得多点同时作业。

（6）钉眼处理：自攻螺钉头应埋入板面0.5~1mm，但不能使板材纸面破损；钉眼涂刷防锈漆，并用石膏腻子抹平（图16–7）。

（7）板缝处理：先将石膏腻子均匀地嵌入板缝，并且在板缝外刮涂大约60mm宽、1mm厚的腻子，随即贴上穿孔纸带或玻璃纤维网格带，用刮刀顺穿孔纸带的方向刮压，将多余腻子挤出并刮平、刮实，不可以留有气泡，再在板缝表面刮一遍约150mm宽的腻子。

图16–7　轻钢龙骨石膏板钉眼处理

三、乳胶漆装饰构造

（一）乳胶漆

乳胶漆又称合成树脂乳液涂料，属于一种有机水性涂料，是目前比较流行的内外墙建筑装饰涂料。一般用于室内墙面装饰，但不宜用于厨房、卫生间、浴室等潮湿墙面（图16–8）。

图16–8　墙面刮腻子

（二）乳胶漆墙面装饰构造的做法

一般乳胶漆墙面的构造做法分底层、中间层、面层三个部分。

1. 底层

刮腻子之前需要对墙面基层进行处理。如果墙面无脱落、松动等现象，就要在其表面刷一层底漆。刷底漆目的是增加涂层与基层之间的黏附力，进一步清理基层表面的灰尘，使一部分悬浮的灰尘颗粒固定于基层。

2. 中间层

中间层是采用厚涂料、白水泥、砂粒等材料配制中间的成型层。其作用是形成具有一定厚度、匀实饱满的涂层，达到保护基层和形成所需的装饰效果的目的。

3. 面层

面层的作用是体现涂层的色彩和光感，提高饰面层的耐久性的耐污能力。为了保证色彩均匀，并满足耐久性、耐磨性等方面的要求，面层最低限度应涂刷两到三遍（图 16–9）。

图 16–9　墙面刷乳胶漆

四、石材拴挂法装饰构造

（一）拴挂的石材

干挂是一种新型的装饰施工工艺，被广泛应用于建筑的外墙装饰。石材按其厚度分为两种，通常厚度为 30~40mm 的称为板材，厚度为 40~130mm 及以上的称为块材。常见天然板材饰面有花岗石、大理石和青石板等，具有强度高、耐久性好，多作高级装饰用。常见人造石板有预制水磨石板、人造大理石板等。

（二）石材拴挂法（湿法挂贴）

天然石材和人造石材的安装方法相同，先按照设计要求在墙内或柱内预埋设预埋件，间距依石材规格而定，绑扎竖向和横筋钢筋，形成钢筋网。在石板上下边钻小孔，用双股 16 号钢丝绑扎固定在钢筋网上。上下两块石板用不锈钢卡销固定。板与墙面之间预留 20~30mm 缝隙，在板与墙之间浇筑 1∶3 水泥砂浆，即完成绑扎固定灌浆法的石材安装（图 16–10）。

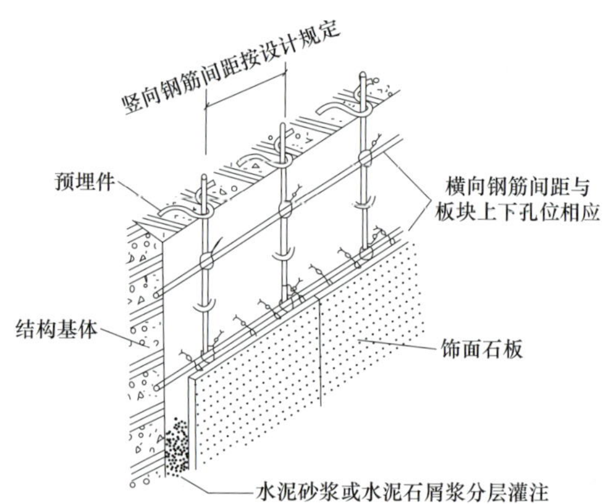

图 16–10　石材绑扎固定灌浆法的构造

五、石材干挂法装饰构造

（一）石材干挂法装饰构造简介

石材饰板干挂工艺原理是在主体结构上设主要受力点，通过金属挂件将石材固定在建筑物上，形成石材装饰幕墙。目前，各地工程石材干挂的具体做法不尽相同（图 16–11）。

图 16–11　外墙干挂石材构造图

（二）石材干挂法装饰构造的性能

传统湿贴工艺的主要弊端，是水泥砂浆粘贴板材后碳酸氢钙析出（泛白霜）和出现水渍，使墙面石材变色，形成色差，污染墙面；而且还由于温度变化等原因，易造成墙面空鼓、开裂，甚至脱落等质量通病。

干挂石材幕墙作为一种新型安装工艺，在美观、耐久、不易变色及平整度上都达到了一个新的水平。它克服了石材传统湿贴方法的缺陷，在大型民用建筑外墙面装饰中得到日益广泛的应用（图 16–12）。

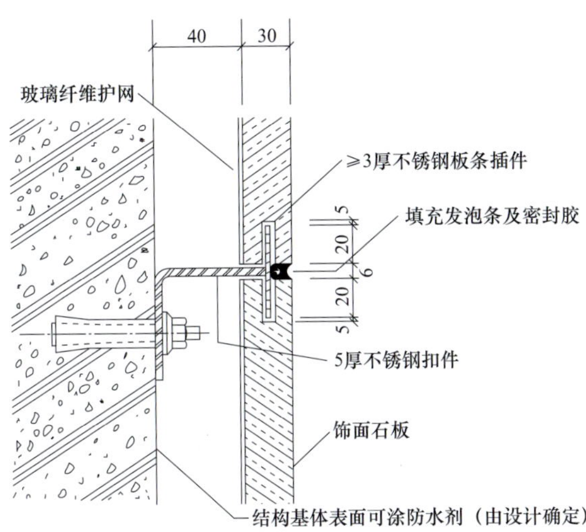

图 16–12 直接干挂法（单位 mm）

（三）石材干挂法装饰构造的分类

（1）就挂件与主体结构的固定技术而言，主要有两种方法：

一是凡属剪力墙结构，可通过膨胀螺栓或预埋铁件直接将挂件固定。

二是凡属框架轻墙结构，因墙体不能直接固定挂件，需要通过安装金属骨架使挂件固定；依照金属骨架的用料区分，主要有型钢骨架和铝材骨架两种，前者造价低，但需做镀锌和防腐处理，后者因需使用加厚或飞机用材而造价较高（表 16–1）。

（2）从板材的固定方法来看，大体也有两种：

一是插销式固定法，主要构件有销钉、托板、螺栓、垫板和角钢，各构件的型号视石材自重、地区风载和地震载荷计算确定，其结构是：先将角钢用螺栓固定于骨架或墙体上，并将托板与角钢固定，石材通过销钉与托板连接。该挂件可使板材在小范围内作上下前后调节，以确保板缝的均匀与板面的平整（图 16–13）。

表 16–1 干挂石材挂件形状图示与照片对照表

石材挂件形状名称	图示	照片
角码		
平码（平板、直板）		
托码（托钩、挑码、翘码）		
单钩码（单燕码）		
双钩码（双燕码、蝴蝶码、燕尾码）		
T形烧焊码		
箭头码		
瓷砖码		
干挂胶直贴法锚定码		

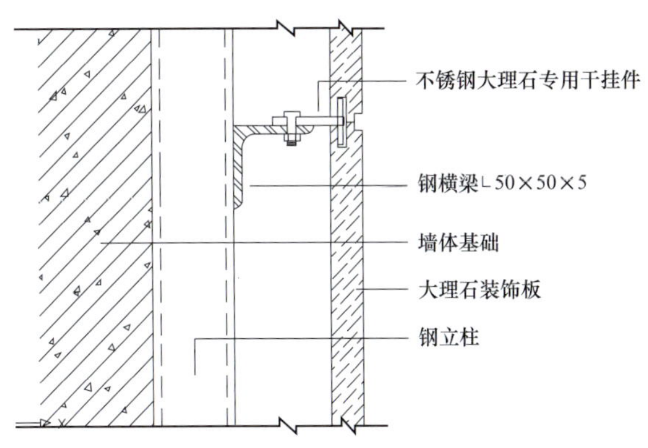

图 16–13 插销式固定法（墙面干挂大理石构造图）

二是后切式干挂，也称无应力锚固式干挂，具体做法是一组底部拓孔锚栓通过凸形结合和石材连接并有金属框架支撑，它在安全性、耐久性、方便性方面有较大优势（图 16–14）。

背栓干挂石材幕墙横剖节点图

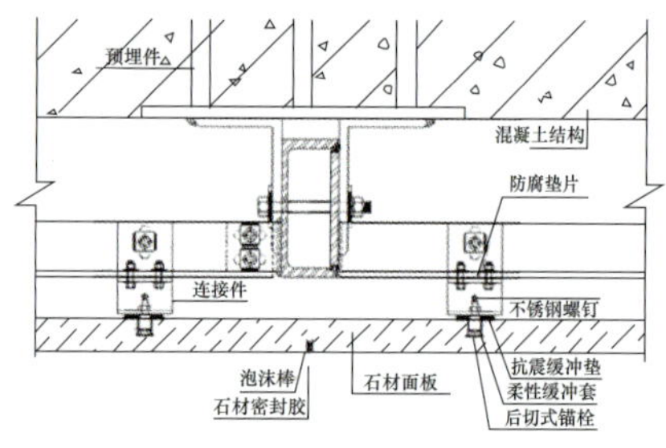

背栓干挂石材幕墙纵剖节点图

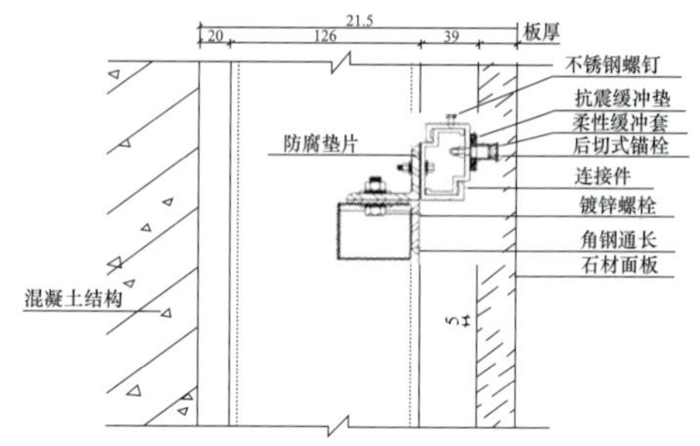

图 16–14　后切式固定法

六、玻璃砖墙装饰构造

（一）玻璃砖隔墙

玻璃砖主要用于室内隔墙和隔断的装修。在作为隔墙使用时，具有采光和封闭墙体装饰墙面等多重功能。玻璃砖有透光和散光效果，使装修部位风格别具。玻璃砖有空心和实心两种，外形有正方形和长方形。空心玻璃砖运用较多，尺寸有 240mm×240mm×80mm、190mm×190mm×80mm、240mm×115mm×80mm 等。选择透明玻璃砖、雾面玻璃砖或是有纹路玻璃砖，这要视空间所需的采光度而定。由于玻璃砖的种类不同，光线的折射程度也会有所不同。在颜色的选择上，也要视空间色彩的表现而定，现今已有多种色彩可供选择。

（二）玻璃砖隔墙的性能

空心玻璃砖是由两个凹形玻璃砖坯（如同烟灰缸）熔接而成的玻璃制品。耐压、抗冲击、防火防爆、耐酸、导热系数较低，隔音、隔热、透明度高和装饰性好等。一般用来建造透光隔墙、浴室隔断、楼梯间、门厅、通道等，特别适用于高级建筑、体育馆、图书馆等用于控制透光、眩光和日光的场合。

（三）玻璃砖墙装饰构造的要点

（1）玻璃砖四周有凹槽，砌筑时，一般将其砌筑在框架内，框架材料最好是金属框架。

（2）隔墙底部先用普通黏土砖或混凝土做垫层，然后用 1：2.5~1：2 白色水泥砂浆砌筑玻璃砖，且上下左右每三块或四块就要放置补强钢筋，尤其在纵向砖缝内一定要灌满水泥砂浆。

（3）玻璃砖之间的缝隙为 5mm。主要视玻璃砖的排列调整而定。

（4）待水泥硬化后，用白水泥勾缝，在白水泥中掺入一些胶水则可避免龟裂（图 16–15、图 16–16）。

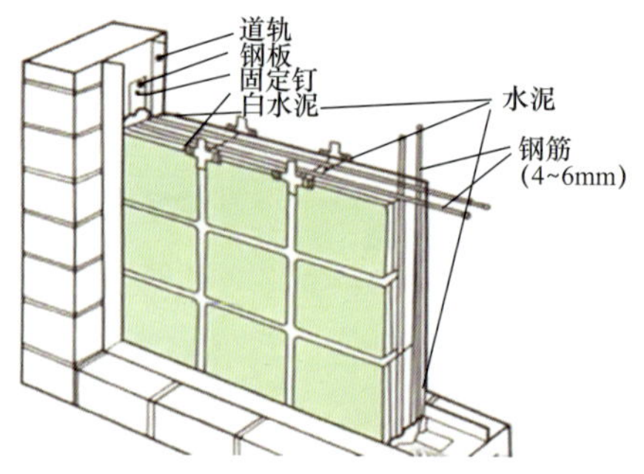

图 16–15　玻璃砖隔墙构造图

图 16–16　玻璃砖隔施工

七、玻璃幕墙装饰构造

（一）玻璃幕墙装饰构造

玻璃幕墙是一种将面板材料通过金属构件与建筑主体结构相连而形成的建筑外围护结构（图 16–17）。

图 16–17　玻璃幕墙构造原理

（二）玻璃幕墙装饰构造的性能

1. 优点

（1）采光好，美观大方，较好的装饰性；

（2）防腐性能极强，后期维护方便；

（3）保温、防水、防风、防火、隔声、隔热。

2. 缺点

（1）容易反射和折射白天日照阳光和夜间照明灯光，形成光污染；

（2）能耗巨大。

（三）玻璃幕墙装饰构造

1. 型钢骨架体系

主要构造是以型钢做玻璃幕墙的骨架，玻璃装嵌在铝合金框内，然后再将铝合金框与骨架固定。

2. 铝合金型材骨架体系

铝合金型材骨架体系主要构造是以特殊断面的铝合金型材作为玻璃幕墙的架，将玻璃镶嵌于骨架的凹槽内。骨架型材本身兼有固定玻璃的凹槽，而不用另行安装其他配件。幕墙安装大为简化，是目前应用最多的一种玻璃幕墙结构形式。铝合金骨架型材一般分为立柱（或称立梃、竖框、竖向杆件）和横档（横向杆件）。断面尺寸有多种规格，可根据使用要求进行选择。目前，其主要组装形式大致有三种，即竖框式、横框式和框格式。

（1）竖框式。

玻璃幕墙立面形式为竖线条的装饰效果，如图 16–18 所示。幕墙竖框外露并主要受力，在竖框之间镶嵌窗框和窗下墙。

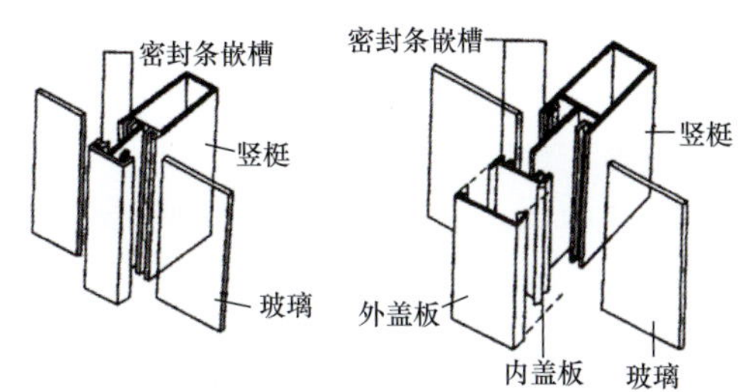

图 16–18　竖框式玻璃幕墙构造图

（2）横框式。

玻璃幕墙的立面形式为横线条的装饰效果，如图 16–19 所示。幕墙横框外露并主要受力，窗与窗下墙是水平连续的。

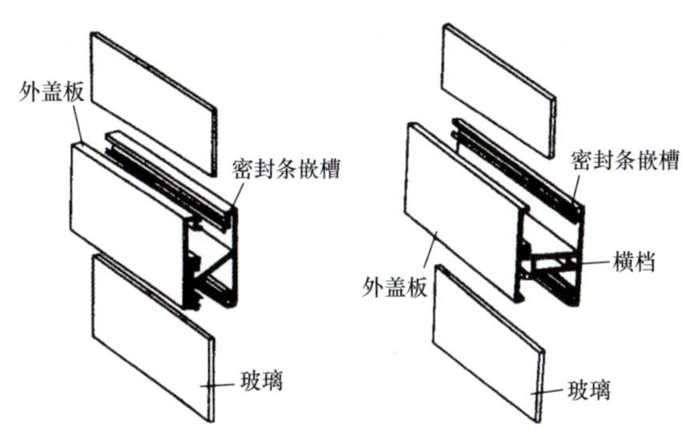

图 16–19　横框式玻璃幕墙

（3）框格式。

幕墙竖框与横框全部外露，呈格子状，形成设计的玻璃装饰饰面（图 16–20）。

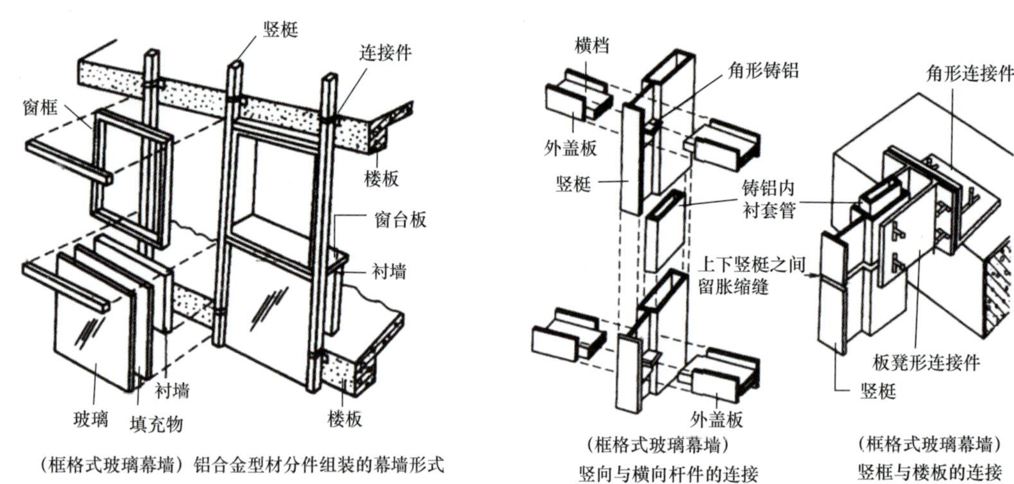

图 16–20 框格式玻璃幕墙构造连接详图

3. 不露骨架（隐框）结构体系

主要构造是玻璃直接与骨架连接，幕墙饰面外不露骨架，也不见窗框。外观新颖、简洁，是目前较为新式的一种，如图 16-21 所示。采用硅氧合成橡胶密封剂等将玻璃粘贴到铝合金的封框上，封框在玻璃的背后，从立面上看不到封框。深圳特区发展中心大厦在中国首次使用这种幕墙，玻璃幕墙的安装技术及加工技术上升到一个新的高度。幕墙的骨架所使用的材料，既可以用铝合金型材，也可以用型钢，根据使用要求、装饰效果和经济造价等因素综合考虑。

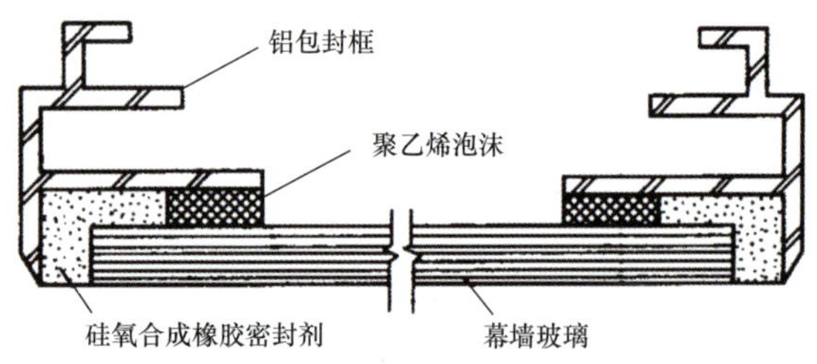

图 16–21 隐框玻璃幕墙的玻璃固定部分构造

4. 挂架结构体系

又名点支撑玻璃幕墙，主要构造是采用四爪式不锈钢挂件与立柱或楼层结构相焊接，每块玻璃四角加工钻 4 个直径 20mm 孔，挂件的每个爪与 1 块玻璃 1 个孔相连接，即 1 个挂件同时与 4 块玻璃相连接，或 1 块玻璃固定于 4 个挂件上，如图 16-22 所示。

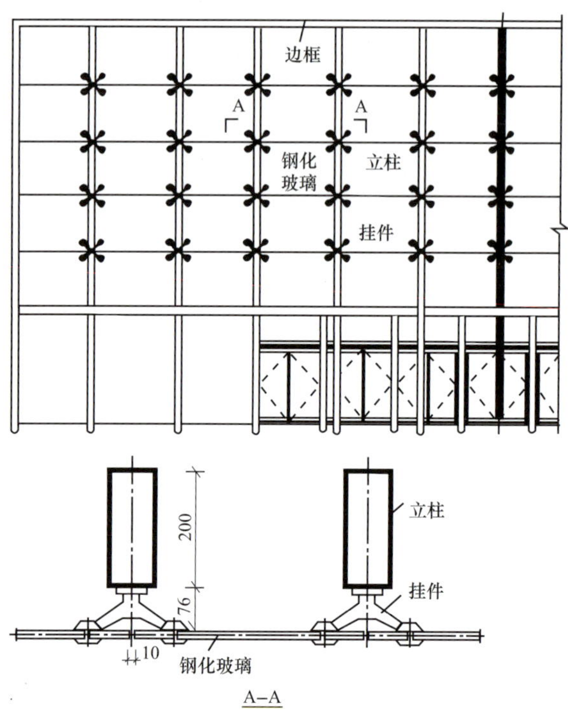

图 16–22 挂架玻璃幕墙节点剖面

八、壁纸装饰构造

裱贴壁纸、墙布施工要点：

（1）基层处理时，必须清理干净、平整、光滑，有防潮要求的应进行防潮处理。

1）混凝土和抹灰基层：墙面清扫干净，将表面裂缝、坑洼不平处用腻子找平，再满刮腻子，打磨平。根据需要决定刮腻子的遍数。

2）木基层：木基层应刨平，无毛刺、无外露钉头。接缝、钉眼用腻子补平。满刮腻子，打磨平整。

3）石膏板基层：石膏板接缝用嵌缝腻子处理，并用接缝带贴牢，表面刮腻子。涂刷底胶，底胶一遍完成，但不能有遗漏。

（2）为防止壁纸、墙布受潮脱落，可涂刷一层防潮涂料。

（3）裱糊前应按壁纸及墙布的品种、花色、规格进行选配。拼花、裁切、编号、裱糊时应按编号顺序粘贴。

（4）墙面应采用整幅裱糊，先垂直面后水平面，先细部后大面，先保证垂直后对花拼缝，垂直面是先上后下，先长墙面后短墙面，水平面是先高后低。阴角处接缝应搭接，阳角处应包角，不得有接缝。

（5）聚氯乙烯塑料壁纸裱糊前应先将壁纸用水润湿数分钟，墙面裱糊时应在基层表面涂刷胶黏剂；顶棚裱糊时，基层和壁纸背面均应涂刷胶黏剂。

（6）复合壁纸不得浸水，裱糊前应先在壁纸背面涂刷胶黏剂，放置数分钟。裱糊时，基层表面应涂刷胶黏剂。

（7）纺织纤维壁纸不宜在水中浸泡，裱糊前宜用湿布清洁背面。

（8）金属壁纸裱糊前应浸水 1~2 min，阴干 5~8 min 后在其背面刷胶。刷胶应使用专用的壁纸粉胶。

（9）玻璃纤维基材壁纸、无纺墙布无需进行浸润。应选用黏结强度较高的胶黏剂，裱糊前应在基层表面涂胶，墙布背面不涂胶。玻璃纤维墙布裱糊对花时不得横拉斜扯，避免变形脱落。

（10）壁纸粘贴后，赶压壁纸胶黏剂，不能留有气泡，如有气泡，用注射器破口排出空气。挤出的胶要及时挤净（图 16-23）。

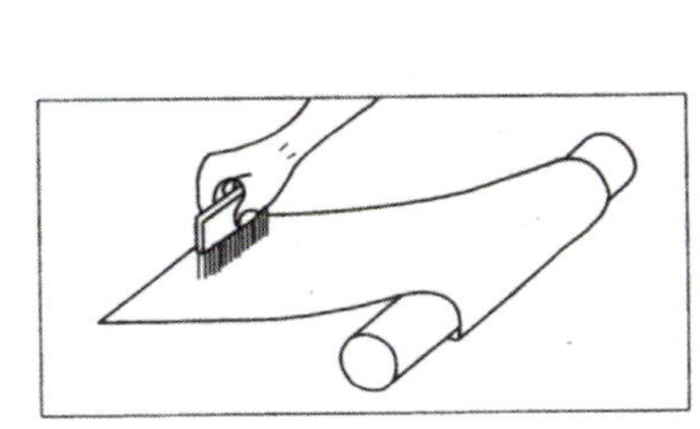

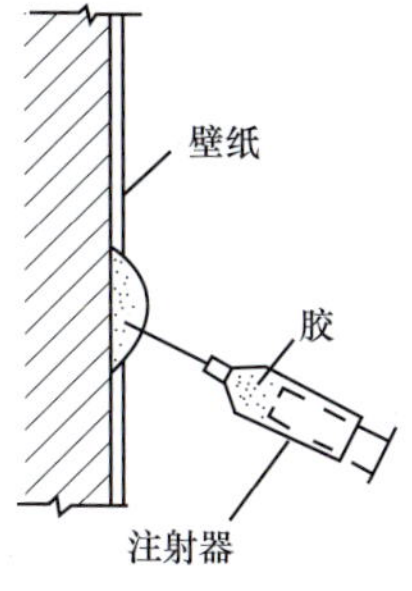

图 16-23　金属壁纸刷胶、起泡处理方法

（11）开关、插座等突出墙面的电器盒，裱糊前应先卸去盒盖（图 16-24）。

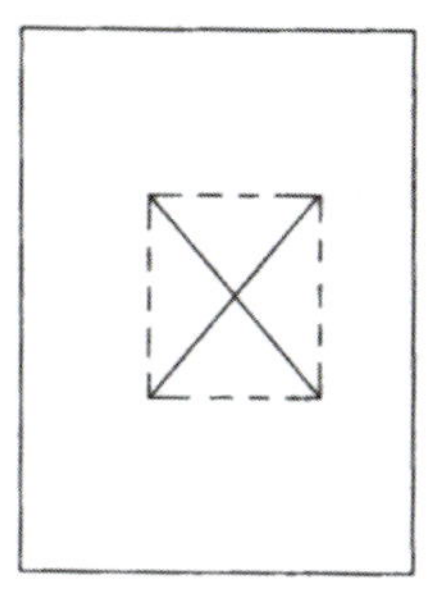

图 16-24　墙上开关、插座操作示意图

九、铝塑板墙面装饰构造

（一）铝塑板墙面装饰构造简介

铝塑板的安装方法很多，但无论哪种做法，都不容许将高级铝塑板直接贴于抹灰找平层上，应贴于石膏板、胶合板等比较平整的基层或铝合金扁管制成的框架上。

（二）铝塑板墙面施工要点

1. 施工工序

弹隔墙→画龙骨分档线→安装大龙骨→安装小龙骨→防腐处理→安装面板→安装压条

2. 施工工艺

（1）弹线：在基体上弹出横向水平线和竖向垂直线，以控制隔断龙骨安装的位置、格栅的平直度和固定点。

（2）墙龙骨的安装。

1）沿弹线位置固定沿顶和沿地龙骨，各自交接后的龙骨，应保持平直。固定点间距应不大于 1m，龙骨的端部必须固定，固定应牢固。边框龙骨与基体之间，应按设计要求安装密封条。

2）门窗或特殊节点处，应使用附加龙骨，其安装应符合设计要求。

（3）铝塑板安装。

铝塑板先进行防腐处理，根据设计要求，裁成需要的形状，用胶贴在事先封好的底板上，可以根据设计要求留出适当的胶缝。

胶黏剂粘贴时，涂胶应均匀；粘贴时，应采用临时固定措施，并应及时擦去挤出的胶液；在打封闭胶时，应先用美纹纸带将饰面板保护好，待胶打好后，撕去美纹纸带，清理板面。

（4）收口。

转角处收口处理：用螺栓把一条 1.5mm 厚的直角形的铝板与外墙板连接。直角形铝板与表面的颜色应同外墙板。

窗台、女儿墙上部收口处理：窗台、女儿墙的上部是水平构造的压顶处理，可采用铝板盖住压顶，固定水平盖板，一般在基层先固定钢骨架，然后将盖板用螺栓固定在骨架上。

墙面边缘部位收口处理：可用铝成型板，将墙板端部龙骨部位封住。

墙面下端收口处理：用封口板将外墙板与墙体之间的间隙全部封住，并将封口板做成滴水坡度。

第十七章　顶棚装饰构造

第一节　顶棚装饰构造概述

一、顶棚装饰构造简介

顶棚是屋顶下或楼板层外表面的装饰构件，称为吊顶或天花板。顶棚的构造设计应该注重考虑建筑设备、建筑的消防安全、空间照明等。

二、顶棚装饰构造的设计要求

（1）设计的耐久性：设计能够保持使用的耐久性。

（2）设计的安全性：面层与基层连接牢固，材料本身强度要求高。

（3）设计的美观性：能通过天棚的造型，体现空间设计美感。

三、顶棚的分类

藻井式顶棚

井格式顶棚

悬浮式顶棚

分层式顶棚

图 17–1　顶棚的主要样式

（1）按外观的不同，顶棚可分为平滑式顶棚、井格式顶棚、悬浮式顶棚、分层式顶棚、折板式顶棚、藻井式顶棚等（图 17–1）。

（2）按承受荷载能力的大小不同，顶棚可分为上人顶棚和不上人顶棚。

（3）按具体构造做法不同，顶棚可分为直接式顶棚与悬吊式顶棚。

第二节　常见的顶棚装饰构造

一、木龙骨吊顶装饰构造

（一）木龙骨吊顶构造

在室内装饰设计中，天棚吊顶是不可或缺的构造选项。木龙骨吊顶木质材料取材方便，易于加工，具有良好的造型能力。木龙骨吊顶一般选用松木或杉木为龙骨材料，经过防腐和防火处理后支撑吊顶结构。木龙骨吊顶的主龙骨截面一般为 50~70mm 木方，中间间隔 900~1200mm。垂直固定点采用 30~40mm 的木吊筋与楼板固定，也可采用 Φ6 或 Φ8 镀锌吊筋和膨胀螺栓固定。次龙骨截面为 40mm × 40mm 方木，间距为 1000mm 左右（图 17–2、图 17–3）。

图 17–2　木龙骨吊顶构造

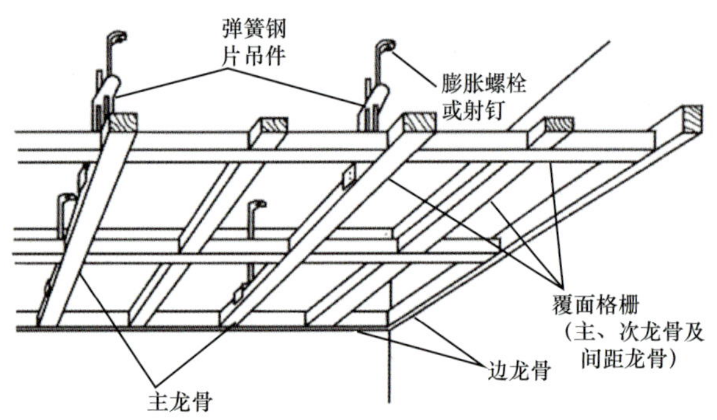

图 17-3 单层骨架木龙骨吊顶构造

(二)木龙骨吊顶装饰构造的面层

木龙骨吊顶使用最多的还是木质板材饰面层做法。木质板材品种多，如胶合板、纤维板等。如木龙骨吊顶面积较大，可以考虑纸面石膏板吊顶，其优点是不易变形、开裂，施工方便、速度快。板材通过钉接的方法和龙骨进行连接(图 17-4)。

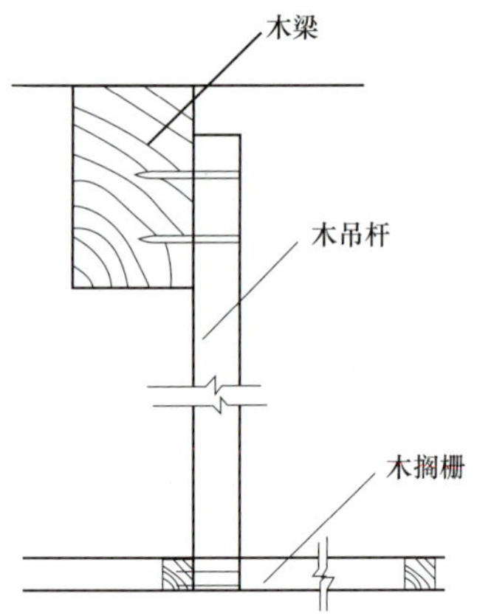

图 17-4 木龙骨吊顶固定方法

二、轻钢龙骨石膏板吊顶装饰构造

(一)轻钢龙骨石膏板吊顶装饰构造简介

轻钢龙骨又称 U 形轻钢龙骨，是用镀锌钢板、冷轧钢板，采用冷弯工艺生产的薄壁类型钢。轻钢龙骨纸面石膏板吊顶由主龙骨、次龙骨、横撑龙骨、吊挂件及连接件组成。根据是否需要进入吊顶内检修的要求，分为上人和不上人两种。上人吊顶:承载龙骨(也称主龙骨)上可铺设临时性轻质检修马道。

(二)轻钢龙骨石膏板吊顶装饰构造要点

轻钢龙骨吊顶的主龙骨间距一般为 1200mm；次龙骨和横撑龙骨的间距一般为 500~600mm，且龙骨位置应与饰面板材的固定点相一致。吊筋为直径 6~8mm 的镀锌吊筋，吊杆楼层顶面应有预埋件的焊接或膨胀螺栓连接。吊筋吊点的间距为 900~1200mm 之间。面积较大的吊顶，应该在中间起拱，起拱高度一般为顶棚跨度的 0.1 % ~ 0.3%。

(三)轻钢龙骨石膏板吊顶面层板的结构要点

轻钢龙骨一般罩以纸面石膏板、矿棉吸声板、石棉水泥板、钙塑板等装饰材料。其中使用最多的是纸面石膏板。纸面石膏板一般采用平头自攻螺钉固定压到 U 形副龙骨上。钉头应埋入板内 1.5mm，以不顶破纸面为最佳处理方式。钉帽涂刷防锈漆，以免生锈泛黄。接缝纸面石膏板的自攻螺丝应该错开固定。为避免开裂，石膏板接缝处采用接缝胶带或石膏腻子进行处理(图 17-5、图 17-6)。

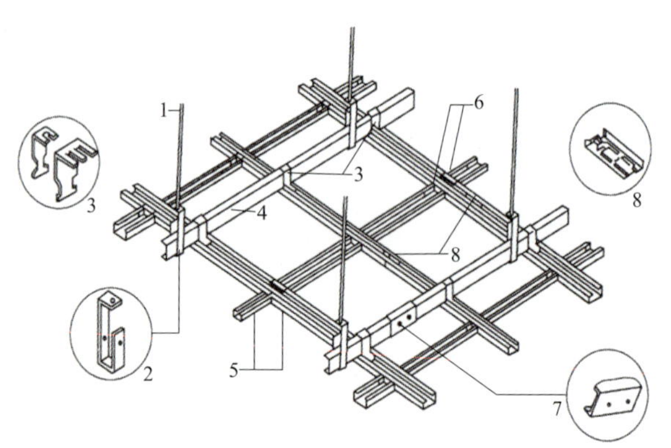

图 17-5 轻钢龙骨石膏板吊顶构造

1—吊筋；2—吊件；3—挂件；4—主龙骨；5—次龙骨；6—龙骨支托(挂插件)；7—连接件；8—插接件

图 17-6 轻钢龙骨石膏板吊顶构造

三、T 形金属龙骨吊顶装饰构造

（一）T 形金属龙骨吊顶

T 形金属龙骨吊顶是建筑装饰工程中常用的吊顶方式。T 形金属龙骨通过主龙骨和次龙骨组成大小统一的方格形。一般尺寸为 600mm×600mm，或 300mm×1200mm。方格可安装灯具、通风口和检修孔等设施。由于 T 形金属龙骨吊顶具备统一的格式，且属于活动装配设计，拆装与维修简便，外表看起来整齐划一、井然有序、美观大方。

（二）T 形金属龙骨吊顶装饰构造

T 形金属龙骨按材料不同分为 T 形铝合金龙骨和 T 形镀锌铁烤漆龙骨。T 形龙骨的安装构造分为有主龙骨和无主龙骨两种形式。骨架一般由 U 形轻钢龙骨（主龙骨）、T 形铝合金龙骨（次龙骨、横撑龙骨）及各种配件组成。

有主龙骨吊顶是在结构层下面安装吊筋，吊筋连接主龙骨吊挂件，主龙骨插入吊挂件内，次龙骨用钩挂件（金属钩）与主龙骨钩挂在一起，横撑龙骨与次龙骨插接在一起，靠墙部分采用 L 形靠墙龙骨固定在墙上。无主龙骨吊顶是吊筋下面连接卡挂件，卡挂件直接将次龙骨卡挂吊起，再将横撑龙骨插入次龙骨上，其他做法与有主龙骨吊顶做法相同（图 17–7）。

（三）T 形金属龙骨吊顶面层的安装要点

T 形金属龙骨吊顶饰面板材主要采用防火等级较高的石膏板、矿棉纤维板和玻璃纤维板等。此类板材具有一定的吸声功能，一般直接安装在金属龙骨上。常见的安装方式有明装式（暴露骨架）、暗装式（隐蔽骨架）和半隐式（部分暴露骨架）三种（图 17–8、图 17–9）。

四、开敞式吊顶装饰构造

（一）开敞式吊顶装饰构造简介

开敞式吊顶是几年来在市场上比较流行的装饰方式。开敞式吊顶的龙骨安装方式与其他金属龙骨吊顶无异，只是表面无封板装饰。明显可视内部管道、设备以及建筑原始结构。此类装饰构造在设计时一般会把整个内部喷成黑色。这样吊顶安装后不会出现明显的不适。反而内部结构成为独特的装饰效果。开敞式吊顶装饰构造被广泛应用于酒吧、会议室、酒店等场所。

（二）开敞式吊顶装饰构造的材料使用

开敞式吊顶常用金属、塑料、木料为装饰材料等；形式有方形框格、菱形框格、叶片状、格栅状等。

（三）开敞式吊顶装饰构造的安装方式

开敞式顶棚的安装有两种方法：

（1）直接固定法。将构件直接用吊杆吊挂在结构层上。要求龙骨具备一定的刚性。

（2）间接固定法。即对本身刚度不够，或吊点太多、费工费时的构件，将单体构件固定在可靠的骨架上，再用吊杆将骨架吊挂在结构层上（图 17–10）。

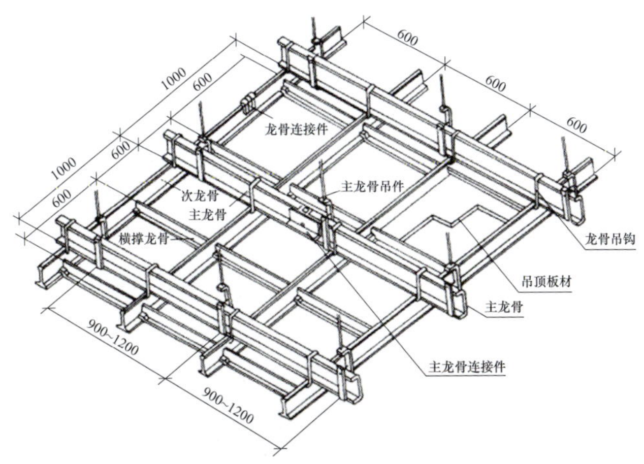

图 17–7　T 形铝合金龙骨吊顶构造

图 17–8　T 形铝合金龙骨吊顶

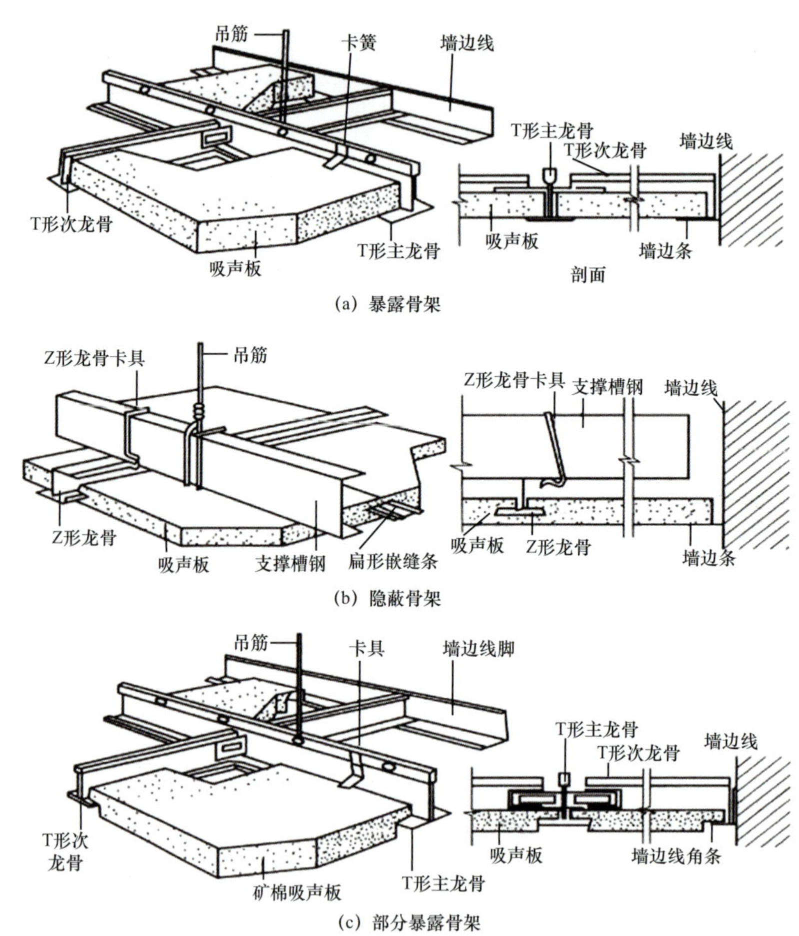

图 17–9 T 形铝合金龙骨吊顶三种安装方式

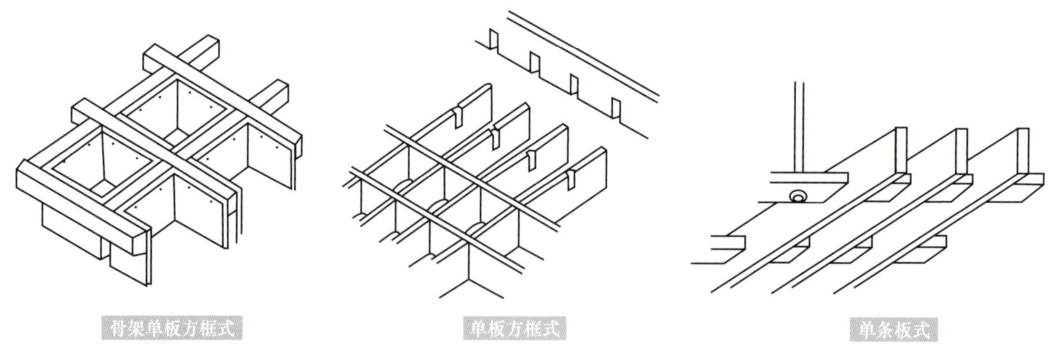

图 17–10 开敞式吊顶三种样式

第三篇

思维拓展训练

第十八章　思维拓展报告书

第一节　教学要求

一、材料思维拓展的教学目标

建筑装饰材料基础知识的学习，还不能满足学生对材料的正常认知的需求，还需要从思维上进一步延展材料性能视域，打破原有材料的固有知识体系，让学生在更加广阔的视野下获取更加科学、灵活的知识。

二、材料思维拓展的教学方法

首先，通过联想思维方法，把生活中的最常见的物象（如水、火、油……），或概念（如硬、软、流动、高兴……），进行语义分析，得出最典型性的 1~2 个特征。然后把该物象的最典型性的特征与材料（包括建筑材料、装饰材料、展示设计材料、广告材料）进行思维联想嫁接。

三、材料思维拓展的可能性举例

例如：当做“火”的联想时，因为火与装饰材料关系密切，许多室内装饰材料需要防火处理，我们小组可以根据防火等级表找到相关的装饰材料，做防火实验，把实验过程记录下来。例如：我们可以想到消防，寻找学校的消防门通道，认识消防材料在公共场所的重要性。

例如：联想“水”时，想到“防水”，想到“清洁用水”，想到我们喝的自来水管是 PVC 的好还是钢管的好。我们小组可以针对这个主题参与调研，到市场专门找水管，看看为了水的健康，人们都做了哪些发明创造。找到资料拍下来，做成材料，录成视频。

例如：联想抽象的概念“硬”时。我们会想到大理石和花岗岩的硬度区别，可以找到两种不同的石材，做实验。做硬物撞击，做重压力实验。把过程拍成照片或录成视频。

例如：我们可以搜集所有的“钉子”（铁钉、钢钉、木螺丝、自攻丝、木螺丝）。钉子起固定作用，发动小组成员去找废弃的木板、石膏板等，但凡能固定的东西都可以，不过所找的材料必须与上课有关。

第二节　作业要求

一、材料思维拓展小组

由小组人员组成，明确各自分工。

二、材料思维拓展名称

火或其他材料。

三、概念解读

概念解读：火焰是燃烧产生的热量造成空气流上升所致。空气流在火焰周围平稳流动，并将火焰聚拢。火焰的形状同重力有关，尤其是这样一个事实：热空气的密度比冷空气低，因此会向上升（图 18–1）。在失重状态下，这种“对流”的效应就不再发挥作用了，火焰的形状更像球形。

通过讨论，我们小组想到了火……

图 18–1　火焰

四、性能分析

经过分析我们得出火的如下特征：

（1）火具有燃烧性，可以烧毁一切可燃物体。

（2）火燃烧时会产生热量。

（3）火遇水会熄灭。

（4）火燃烧氧气，密闭空间会让人窒息。

五、拓展思维分析

因为火与装饰材料关系密切，许多室内装饰材料需要进行防火处理，我们小组可以根据防火等级表找到相关的装饰材料，做防火实验，把实验过程记录下来。我们可以想到消防，寻找学校的消防门通道，认识消防材料在公共场所的重要性。

六、与“火”相关的材料延展分析

图 18–2　防火板材

图 18–2 是一种防火的吊顶板，当材料在使用的时候，遇到火，会自动阻燃，起到防火作用。

（找到 3~5 个分析即可）

七、与“火”相关的材料的实际应用

要求 2~3 个简单的或 1 个复杂的实际应用例子。

八、总结

对材料实验过程及结果进行描述和分析，最后表明实验成果。

扫码观看装饰材料
实验实训视频

附录1 建筑装饰施工工具

序号	名称	用途	示意图
1	角磨机	角磨机可以对钢铁、石材、木材、塑料等材料进行打磨、锯切、抛光、钻孔等加工。可以根据需要更换不同的锯片。	
2	卷尺	测量较长空间的尺寸或距离。	
3	炮钉枪	炮钉枪是能够固定到混凝土墙面、顶面的工具。可以安装门窗、固定角铁、轻钢龙骨吊点固定等。	
4	空气压缩机	建筑装修装饰的可移动的空气压缩机。该压缩机具有体积小、重量轻、转速高等优点。	
5	钉枪	主要是木工排钉枪，利用气泵作为动力，把排钉打入物体。该设备具有速度快、效率高的特点。主要用于细木工板、密度板、饰面板、木方等木质材料的固定。	
6	手枪钻	手枪钻用于物体打孔，广泛应用于机械、建筑、家具等行业，具有可以在户外使用、不受场所约束且体积小、效率高、维修方便等特点。	

续表

序号	名称	用途	示意图
7	电刨子	广泛用于房屋建筑、住房装潢、木工车间、野外木工作业及车辆、船舶、桥梁施工等场合，进行各种木材的平面刨削、倒棱和裁口等作业。	
8	冲击钻	冲击钻的第一种用途:钻孔。将冲击钻的装钻头的部分往后推，放进合适的钻头，对准需要钻孔的地方，用手抓紧，按下开关，钻头随之旋转。 冲击钻的第二种用途:凿墙。冲击钻除了旋转钻孔还有向前冲击凿墙的作用，只要将钻孔的钻头换成平凿或尖凿的，调至冲击钻冲击挡，钻头就可以使用这种功能。	
9	吹风机	清扫处理水泥、吹灰、除尘、去除木屑、杂质等，比一般的吹风机更强劲，因此，在施工、作业、去除灰尘方面，工业吹风机很实用。	
10	曲线锯	主要用于切割有色金属、木材和非金属。	
11	铝合金切割机	全自动铝材切割机，适合小件铝材，切割量大,精度有要求的切割工作。机器具有送料、夹钳、定位等功能。	
12	云石锯	云石锯指石材切割机，可以用来切割石料、瓷砖、木料、塑料等，不同的材料选择相适应的切割片。	

续表

序号	名称	用途	示意图
13	大型石材线锯	大型石材线锯是应用于建筑工程改造和加固施工的高级工程工具，作为一种特种切割工具，适用于钢筋混凝土、岩石、陶瓷、砖墙等坚硬材料的切割。广泛应用于墙体上开门、开窗、开通风口及钢筋混凝土梁、柱的切断，楼板桥梁切割及石材加工等。	

附录2 建筑装饰结构连接件

序号	名称	用途	示意图
1	铁钉	铁钉的品种繁多，形状各异，可根据不同的使用目的和要求选用。适用于钉头埋入木材之内，作地板钉、家具钉、木模钉等之用。	
2	膨胀螺栓	膨胀螺栓是利用楔形斜度来促使膨胀产生摩擦握裹力，达到固定效果。	
3	高强化学锚栓	高强化学锚栓是以乙烯基酯树脂为主体原料的高强度锚栓，产品广泛应用于幕墙结构、安装机器、钢结构、栏杆、窗户等固定。	
4	螺丝钉	螺丝钉主要用于具有螺纹孔的部分与具有通孔的部分之间的紧固连接，该连接不需要螺母配合，也属于可拆卸的连接。	
5	预埋件	预埋件（预制埋件）就是预先安装（埋藏）在隐蔽工程内的构件。是在结构浇筑时安置的构配件，用于砌筑上部结构时的搭接。	
6	抽芯铆钉	使用拉铆枪（手动、电动、气动）进行铆接。铆接时，铆钉钉芯由专用铆枪拉动，使铆体膨胀，起到铆接作用。	

附录3　建筑装饰胶黏剂及操作使用

序号	名称	用途	示意图
1	热熔胶枪	热熔胶枪是一种加热结构，可以将热熔胶棒加温到 80℃以上，在这个温度下热熔胶棒将软化，呈流体状。	
2	玻璃胶枪	玻璃胶枪是一种打胶工具。操作者用手力按动扳手实现打胶，为装修专业人士或家庭使用。	
3	喷枪	喷枪是利用液体或压缩空气迅速释放作为动力的一种设备。可以用来喷家具的油漆。	
4	密封胶	填充构形间隙，以起到密封作用的胶黏剂，主要是随密封面形状而变形，不易流淌，有一定黏结性的密封材料。密封胶具有防泄漏、防水、防振动及隔声、隔热等作用。	
5	玻璃胶	玻璃胶一般具有粘接、填缝等作用。	
6	云石胶	云石胶主要适用于建筑石材、陶瓷、玻化砖的快速定位及拼花、修补和粘接。	

续表

序号	名称	用途	示意图
7	白乳胶	白乳胶一般是可以用在装饰装潢、纸张、手工艺品、家具等行业，其中用得比较多的是装修家具以及手工艺品粘接。	
8	壁纸胶粉	壁纸胶粉也叫墙纸粉，或者墙纸胶粉，是一种绿色环保的装修辅料，主要用于壁纸粘贴，应用十分广泛。	

参考文献

[1] 刘念华，张平，苗蕾．装饰裱糊与软包工程 [M]. 北京：化学工业出版社，2009.

[2] 刘经强，郭丹，刘斌．装饰隔墙与隔断工程 [M]. 北京：化学工业出版社，2009.

[3] 何茂农，王佃亮，李琪．装饰门窗工程 [M]. 北京：化学工业出版社，2008.

[4] 王春堂，王玉峰，胡琳琳．装饰抹灰工程 [M]. 北京：化学工业出版社，2008.

[5] 张玉明，马品磊．建筑装饰材料与施工工艺 [M]. 济南：山东科学技术出版社，2004.

[6] 高卿，张春霞．建筑装饰构造 [M].2 版．北京：机械工业出版社，2017.

[7] 刘超英．建筑装饰装修构造与施工 [M].2 版．北京：机械工业出版社，2018.

[8] 赵志文，张吉祥．建筑装饰构造 [M]. 北京：北京大学出版社，2009.

[9] 薛健，周长积．装修构造与作法 [M]. 天津：天津大学出版社，1998.

[10] 张宗森．建筑装饰构造 [M]. 北京：中国建筑工业出版社，2006.

[11] 万治华．建筑装饰装修构造与施工技术 [M]. 北京：化学工业出版社，2006.

[12] 李栋．室内装饰材料与应用 [M]. 南京：东南大学出版社，2005.

[13] 高海燕，李洪军．建筑装饰材料 [M]. 北京：机械工业出版社，2009.

[14] 马品磊．装饰材料与工程实践 [M]. 北京：中国电力出版社，2008.

[15] 葛新亚，郭志敏，张素梅．建筑装饰材料 [M]. 3 版．武汉：武汉理工大学出版社，2015.

[16] 王汉立．建筑装饰构造 [M]. 武汉：武汉理工大学出版社，2004.

[17] 张若美．建筑装饰施工技术 [M].3 版．武汉：武汉理工大学出版社，2022.

[18] 李远，宋春燕，丁立伟．展示设计与材料 [M]. 北京：中国轻工业出版社，2007.

[19] 赵志文，张吉祥．建筑装饰构造 [M]. 北京：北京大学出版社，2009.

[20] 霍长平．建筑装饰构造方法 [M]. 合肥：合肥工业大学出版社，2009.

[21] 刘念华．地面装饰工程 [M]. 北京：化学工业出版社，2009.

[22] 缪宏，奚小波，左敦稳，等．真空平板玻璃动态响应数值计算与试验研究 [J]. 建筑材料学报，2014，17（001）：153-158.

[23] 蒋莹．浅析建筑材料在景观中的应用 [D]. 北京林业大学，2005.

[24] 沈洪涛．“双碳”目标下我国碳信息披露问题研究 [J]. 会计之友，2022（09）：2-9.

[25] 李涛，宋占钰，黄金铭，等．“双碳”目标下建筑全生命周期算碳、减碳措施——中国联通提升建筑能效助力低碳发展 [J]. 中国建设信息化，2022（08）：39-41.